中国轻工业"十三五"规划教材
高等教育艺术设计专业规划教材

Design Management

设计
管理学

李普红 张 弦 奚 晓 **编著**

总主编

肖 勇

中国轻工业出版社

图书在版编目（CIP）数据

设计管理学 / 李普红，张弦，奚晓编著. —北京：中国轻工
业出版社，2023.7

全国高等教育艺术设计专业规划教材

ISBN 978-7-5184-1895-4

Ⅰ．①设… Ⅱ．①李… ②张… ③奚… Ⅲ．①产品设计—管
理学—高等学校—教材 Ⅳ．①TB472

中国版本图书馆CIP数据核字（2018）第046157号

内 容 提 要

本书以图文并茂的叙述方式，展现出设计管理各个方面的特征与表现，其中主要学习内
容包括设计学的定义、管理学概述、设计管理学的形式、设计管理对象、设计者与管理者、
设计管理的市场需求与设计管理的实践等，呈现出管理在设计领域的重要性和实用性。本书
从三个层次讲述设计管理学，宏观层次是设计行政管理，中观层次是设计事业管理、设计产
业管理，微观层次是设计中介管理。此外，本书还通过对著名的设计产品讲解、成功的企业
及企业家介绍与案例分析，展现出设计管理在生活各个领域的成就。本书可供有关设计人员
及高等院校有关专业的学生使用或参考，同时也是设计企业管理人员的必备参考读物。

责任编辑：王 淳 李 红 责任终审：孟寿萱 封面设计：锋尚设计

版式设计：锋尚设计 责任校对：晋 洁 责任监印：张京华

出版发行：中国轻工业出版社（北京东长安街6号，邮编：100740）

印 刷：北京君升印刷有限公司

经 销：各地新华书店

版 次：2023年7月第1版第3次印刷

开 本：787×1092 1/16 印张：7.5

字 数：250千字

书 号：ISBN 978-7-5184-1895-4 定价：35.00元

邮购电话：010-65241695

发行电话：010-85119835 传真：85113293

网 址：http://www.chlip.com.cn

Email：club@chlip.com.cn

如发现图书残缺请与我社邮购联系调换

231087J1C103ZBW

前言 PREFACE

设计管理活动自古以来就存在。它是人类集体协作、共同劳动所产生的。在历史上无论是东方还是西方，古代人类都有了丰富的管理活动和光辉的思想。从管理实践上来看，人类进行的管理实践大约已经超过了6000年的历史，埃及金字塔、巴比伦古城以及我国的万里长城等，都是历史上伟大的管理实践，如果没有合理的设计管理，根本无法完成。

在创意产业迎来发展的黄金时期，设计产业作为创意产业群的核心，当仁不让地将成为今后经济发展的中流砥柱，而对设计人才的需要也将随产业发展水涨船高。设计产业涉及的领域相当广泛，工业设计、平面设计、产品设计、室内设计、包装设计等都被囊括其中，中国市场对设计人才也是求贤若渴。

19世纪末，美国率先开展了一场关于设计管理上的革新，而苹果公司至今被人们津津乐道。2003年苹果公司荣获《计算机产品与流通》的渠道选择奖，这说明了苹果公司的市场份额正在快速地提升。在设计上，苹果公司提供超出同行业的最新技术，无论是 iBook 还是 PowerBook，苹果电脑的产品设计都屡受称道。在管理上，首先是尊重人才，亲自参与招聘，选择最合适的人选，充分意识到人才对一个企业的重要性。乔布斯的"朋友式管理"方式一直被人津津乐道，在经济危机爆发后，他没有选择裁员的方式自保，而是更加注重员工价值，这也是苹果公司的每年核心人才流失量最少的原因。

本书按照教案式的课堂教学模式进行编排，设计了单元练习和 PPT 演示，既便于学生学习又便于教师备课。本书在编写的过程中将结合社会现状及市场需求讲述设计管理学的重要性。在第一章及第二章中主要是讲述设计管理学的意义及未来的发展状况、市场环境对消费和设计的影响及如何对消费者需求的正确引导和管理；在第三章和第四章里主要学习的是设计师与管理者的关系和在行业特征下设计管理学的主要表现形式；在第五章和第六章中主要是对设计管理的检验、如何开展社会实践、对现代著名的设计案例进行案例赏析。

设计是为了创造更合理的生活方式和提升我们的生活质量，满足人类生存与发展过程中产生的种种需求。而管理则是让设计更好地进行下去，创造出无限的美。

本书在肖勇教授指导下完成，编写中得到以下同事的支持：汤留泉、金露、朱妃娟、黄溜、张达、童蒙、董道正、胡江涵、雷叶舟、李昊燊、李星雨、廖志恒、刘婕、彭曙生、王文浩、王煜、肖冰、袁徐海、张礼宏、张秦毓、钟羽晴、朱梦雪、祝丹。感谢他们为此书提供素材、图片等资料。

编 者

目 录
CONTENTS

第五章　设计管理学实践方法

第六章　著名管理案例分析

第一章
设计管理学概述

学习难度：★ ☆ ☆ ☆ ☆
重点概念：管理学、管理状况、设计管理

PPT 课件，
请用计算机阅读

◣ 章节导读

设计管理学是一门性质比较复杂，具有较强的渗透性和附着性的新型学科。同时可以感受到设计管理学的交叉性很强，有多少种设计活动就应该有多少种设计管理活动。如今设计已经渗透到生活的方方面面，在市场经济的需求下，有计划有组织地进行设计与开发管理活动，把市场与设计师的认知转换在新产品中，设计正在以更合理、更科学的方式影响和改变人们的生活（图1-1）。

图1-1　设计企业

第一节　设计管理的基本概念

设计管理学首先应当属于艺术管理学，是艺术门类中的管理学。在现代艺术产业管理中，美术品业、音像业、影视业、艺术设计业、文学出版业、舞台表演业、艺术展馆业是主要的研究范畴。设计管理学从类型上可以划分为建筑设计管理学、道桥设计管理学、工业设计管理学、环境设计管理学、器物设计管理学、服装设计管理学、广告设计管理学、装帧设计管理学等。这种横向设计形态分类与纵向管理学内容

不断交叉伸展，勾勒出了设计管理学的理论框架。

设计管理学理论框架的三个层次为宏观层次、中观层次、微观层次。宏观层次是指设计行政管理，中观层次是指设计事业管理、设计产业管理，微观层次是指设计中介管理。设计行政管理是国家层面对设计的管理；设计事业管理包括设计教育管理、设计版权保护管理等；设计产业管理包括环境设计管理、服装设计管理等；设计中介管理包括设计企业管理、设计

产品营销管理等。

一、设计学概念

设计有许多种解释。广义上的设计是指设计人们的生活，赋予它形式与秩序感。在给设计下定义之前，应先从词源上来考证。中国的文字里本没有"设计"这样一个双音节词，出现的设计是从日本根据"design"所翻译的"设计"简化而来。英文中的"design"源于拉丁文"designare"，"designare"有着"to designate"（指明）和"to draw"（描画）两层意思。现代英语中，作为名词出现的设计保留了这样的双重意义，根据上下文，设计可理解为计划、项目、意图、过程或者草图、模式、动机、装饰、视觉构成、样式等（图1-2）。

古汉语中的设计，通常分为设与计两个单独的动词出现，需分开来理解。在《周礼·考工记》中，设色之工：指画、缋、锺、筐、荒等。其中"设"与英文"to draw"意思一致。《国语·吴语》："父母之爱子，则为之计深远。"这里面的计，有筹划计策的意思，与英文"plan"的意义一致。由此可见，古文中的设计与"design"一词在英文中的含义大致相符。

设计是一种造物活动、视觉活动。无论是何种设计类型，从小型物体到大型物体，从手工艺物体到现代科技信息物体，从日用物体到工业物体，从实用物体到欣赏物体，皆是视觉的、人造物质的。脱离了视觉，脱离了人类的创造物，就不能称为学科属性上的"设计"。设计创造的是一种视觉幻象，脱离了视觉，很难准确把握设计物的全貌，脱离了幻象创意，设计就称不上艺术。

人的本质有自然和文化的双重属性：一方面为了满足生存的需要，发明和创造了许多器物；另一方面又因为生活的富足而多生惰性，而渐积腐朽，以至量变到质变。对于国家来讲，就是天翻地覆的巨变，导致"后人衰之而不鉴之"的必然结果。这种对人类由古至今设计衰退的哀叹，反映了对设计源于原初生命渴望和天才创造力的向往和永恒的怀念，这种向往和永恒的怀念应当始于人类文明的源头。

原始人利用石器、骨器、陶器等来展现人类征服世界、征服自然的智慧和能力，并一步步成为自然世界、社会世界的主宰。原始时代的石器、骨器、陶器就凝聚着当时极为珍贵的设计理念和设计思维。随后漫长的数千年中，人类的设计理念、设计思维、设计水平和设计活动越来越复杂、成熟乃至完善（图1-3、图1-4）。

2006年，国际工业协会对设计曾这样定义：设计是一项创造性的活动，其目的是为产品、过程、服务以及他们在整个生命周期中构建的系统建立的多方面的品质。

现代设计的基本原则如下：

1. 实用性

现代设计从本质上来说一门实用性艺术，也是一门实用性科学。设计的实用性原则也就是满足需求性原则，是指商品或服务为实现其目的而具有的基本功能或使用价值。包括物理功能、生理功能、心理功能与社会功能。

2. 创新性

创新是设计的灵魂，给设计带来生命力，尤其是在激烈的市场竞争中，设计创新为企业提供了重要的竞争优势，甚至成为企业的核心价值。不断发展着的新技术、新材料与新工艺为设计创新提供了无限可能。

3. 艺术性

设计是科学与艺术的结合，在满足实用性和功能性的基础上，艺术性是一种精神上的追求，是民族与情感的集中表现。

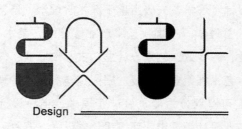

图1-2 设计

图1-3 原始人生活模型

图1-4 出土陶器

4. 经济性

设计的经济性不仅是设计成本多少的问题，更是要将社会资源综合、高效地加以利用，从而整合设计的经济、审美、适用关系，使设计的经济与社会经济价值最大化。

设计学的分支众说纷纭、花样百出，每本教材对设计学的分类都有自己的认识与标准。一般大家都认为，建筑设计、工业设计、装修设计、环境设计、道桥设计、服装设计、艺术设计、器物设计、广告设计、装帧设计这十大类基本可以涵盖目前我们所能接触到的所有设计类型，而且这十大类之间的区别也较清晰，不易产生过多的交叉重叠（表1-1）。

表1-1　设计学十大类的设定

序号	设计门类	内容设定
1	建筑设计	单体建筑、建筑群的设计、施工和建造，包含民居、商用建筑、工用建筑、休闲建筑、公益建筑、墓葬建筑、纪念建筑、水利建筑及其相关建筑设计
2	工业设计	工业机械及工业产品的设计、生产和制造，包括车船、航空器、航天器、生产性机器及相关产品的设计
3	装修设计	建筑内外顶、墙、檐、柱、廊、道桥表面、广场内外地面和墙面、院落以外地面和墙面的装修设计及其他空间结构的装修设计
4	环境设计	室内外、自然界与人居地、城市内外环境各部类、各环节部分的整合性设计，包含建筑、道路、水系、绿化、山体、城市、乡村及其相关主客体间关系环境的整合设计
5	道桥设计	铁道、公路、水道、桥梁等的设计、工程施工及建造，包含道桥主体、道桥周边环境及其他相关部类的设计
6	服装设计	衣、裤、裙、帽、鞋、袜、手套等人体遮蔽物设计
7	艺术设计	纯艺术方面的设计，包括艺术内容、艺术载体、艺术形式等的设计，如乐器设计、影视化妆设计、舞台化妆设计、舞台美术设计、美术构图设计、书画装裱技术设计等
8	器物设计	传统工艺美术或手工艺设计、家居产品及家具设计、现代电器产品设计、现代化通信设备、生活用品设计等
9	广告设计	指一切广告形式的设计，包括杂志广告、路牌广告、灯箱广告、电视广告、网络广告、电影广告、报纸广告、传单广告等各类形式的广告设计
10	装帧设计	书籍、杂志等纸质文本的设计，包括封面、内页格式、内页图文文字形式、书脊装订方式等的设计

设计学在学科方向上的设定也异常繁复，除了上述十大类设计理论（门类设计学理论）的研究和发展，还可以延伸出更多的边缘交叉学科，如设计心理学、设计美学、设计管理学、设计市场学、设计文化学等。设计心理学、设计美学方面的著作已有出现，如美国学者唐纳德·A·诺曼（Donald Arthur Norman）所著《设计心理学》、中国学者徐恒醇所著《设计美学》等。

总之，设计学的天地大有可为，仍需设计界和设计学界全力开拓、认真进取，中国制造、中国设计、中国创意、中国设计理论一定能为世界带来越来越多的惊喜。

－ 补充要点 －

设计的基本特征

1. 直观具象性

指造型艺术具有运用物质媒介在空间展示具体艺术形象的特性。造型艺术运用物质媒介创造出的具体的艺术形象，直接诉诸人们的视觉感官。这种直接具体的形象蕴含着丰富的艺术意蕴，把具体可视或可触的形象直接呈现在观众面前，引起观众直观的美感。造型艺术也可以把现实生活中某些难以显现的无形事物，转化为可以直观的具体视觉形象。

2. 瞬间永恒性

指造型艺术具有选取特定瞬间以表现永恒意义的特性。造型艺术是静态艺术，难以再现事物的运动发展过程，但它却可以捕捉、选择、提炼、固定事物发展过程中最具表现力和富于意蕴的瞬间，"寓动于静"，以"瞬间"表现"永恒"。比如摄影艺术，摄影画面瞬间的表达，往往抓住即将抵达高潮之前的瞬间，给人的想象留下无穷延伸空间。

3. 空间表现的差异性

指造型艺术各门类内部在空间表现上具有彼此不同特性。如中西绘画运用不同的透视方法在二维平面上营造虚幻的三维立体空间，在西方油画中是用"焦点透视"，中国画则运用"散点透视"。

4. 凝聚的形式美

指造型艺术具有在艺术形象中凝结和聚合形式美的特性。形式美法则对于造型艺术各门类都具普遍性，因而运用形式美法则对物质媒介进行加工，便可以整合出凝聚着形式美的艺术符号。形式美多种多样的法则在各门类艺术的具体运用中，又凝聚成美的千姿百态。比如比例的匀称、变化的节奏韵律、明暗对比、多样统一、虚实相生等，都是形式美法则在各种门类艺术中的集中呈现。

二、管理学概念

纵观管理的历程,人类原始时代和奴隶时代的管理主要是一种初始管理,可以称为初始管理阶段;而封建时代可以算得上是一种边干边总结的实践管理阶段;进入资本主义时代,人类管理开始走向总结前期经验和概括提炼的经验管理阶段。初始管理阶段、实践管理阶段、经验管理阶段都不可能产生真正的管理学,随着社会生产力的高速发展,特别是机器化大工业生产的到来,管理学的产生就成了必然。当然,管理学的全面发展也经历了漫长的过程,其管理理论的清晰脉络构成了管理学发展的过程。

管理学与设计学一样,今天仍然属于年轻学科,而且尚没有超过一百年。管理行为与设计行为一样,伴随着人类的成长,成为人类发展的见证。比如香港的维他奶国际集团有限公司。

维他奶在香港是一个家喻户晓的品牌,二战期间的香港人严重的营养不良,创始人罗桂祥希望用富含蛋白质又便宜的豆制品,满足穷人的营养需求,所以维他奶又称为穷人的牛奶(图1-5)。

19世纪40年代,抗日战争的全面爆发使得中国同胞饱受心理与生理的摧残,贫穷与疾病使得多数人严重的营养不良,深受儒家思想影响的罗桂祥希望能够拯救在死亡线上挣扎的同胞。豆奶就是在这样的大背景下生产出来的。1974年,石油危机爆发,主要原材料糖和大豆的价格上升,原材料的紧缺和运输成本的增加,维他奶陷入了经济危机,要想安全地度过就必须改革(图1-6、图1-7)。

在原料上,豆奶中开始加入了真正的牛奶,从"穷人的牛奶代替品"提升到"营养美味、时尚健康的天然豆类饮品"。

在包装上,早期的包装采用的是玻璃瓶装,由于玻璃的易碎性和体积重,运输成本较高和保质时间短的弊端,使维他奶陷入困境。在美国获得食品加工硕士学位的罗桂祥六子罗友礼主张改变原有包装,率先引入无菌利乐纸包装,此举不仅降低了运输成本,同时还免除了顾客退瓶的麻烦(图1-8、图1-9)。

包装方式和经营理念的双重转变,使维他奶度过了这场危机,并在美国、澳洲、新加坡等地迅速发展,成为全球最大的豆奶公司。1994年3月30日,维他奶集团正式在香港联合交易所上市,维他奶至此走上新的发展道路。

图1-5 维他奶

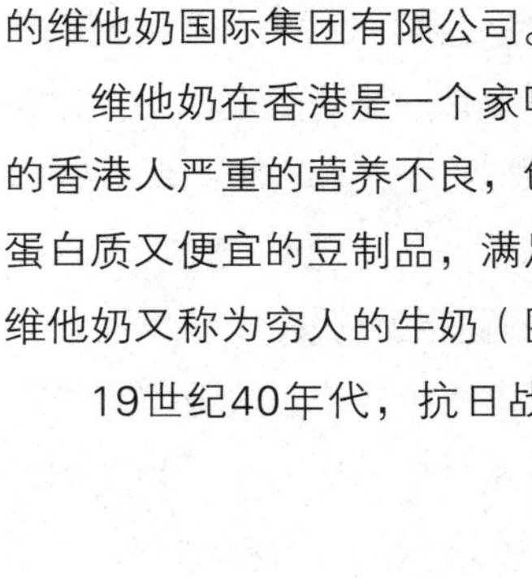

图1-6 糖

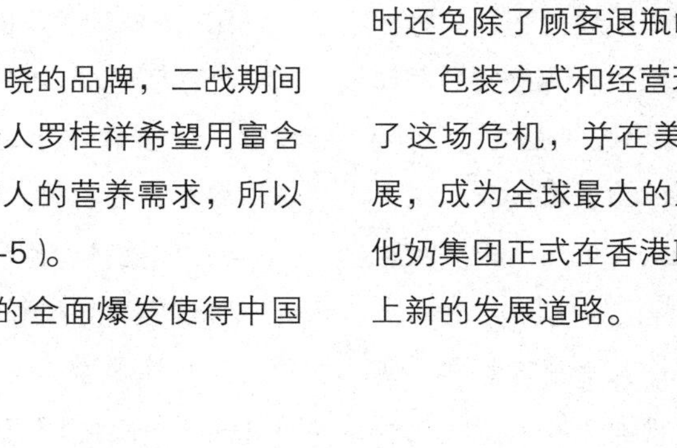

图1-7 大豆

图1-8　瓶装维他奶

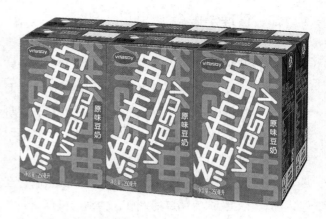

图1-9　无菌盒维他奶

真正意义上的管理学当起始于19世纪中后期，至20世纪中期开始全面发展，到20世纪末期才基本成形。第二次世界大战结束之后，管理学进入了现代管理理论时期，其中社会系统学派、决策理论学派、系统管理学派、经验主义学派、权变理论学派、管理科学学派、管理过程学派成为最为引人注目的管理理论学派，它们或从社会体系的角度去审视组织管理，或从系统论的观点去审视组织内外的管理，或从组织经济盈利的角度去剖析管理，或从大企业的实战经验总结管理，或从应对内外环境变化的角度去认知管理，或从数学建模与程序的方法论入手建构管理，或从对工作程序过程的监管去把握管理，皆为现代化的管理学提供了有益的思路和启示。

给管理学进行分类是一个复杂的系统工程。依据不同的视角和标准，管理学会有不同的分类。

1. 依据管理者分类

行政管理学（政府）、行业管理学（行会）、企业管理学（企业）、教育管理学（教育机构）、公共事业管理学（政府）等。

2. 依据管理手段分类

法律管理学（法律手段）、经济管理学（经济手段）、政策管理学（行政手段）、教育管理学（教育手段）等。

3. 依据被管理者分类

公共事业管理学、市场管理学、工业管理学、农业管理学、企业管理学、文化产业管理学、教育管理学等。

4. 依据微观内容分类

人力资源管理学、财务管理学、品牌管理学、市场营销管理学、组织文化管理学、生产过程管理学、目标战略管理学等。

5. 依据管理学的属性分类

行政管理学、工商管理学、经济管理学、文化管理学、工程管理学、工农业生产管理学、军事管理学、教育管理学等。

6. 依据教育部学科专业目录分类

管理科学与工程学、工商管理学、农业经济管理学、公共管理学、图书情报与档案管理学、物流管理与工程学、工业工程学、电子商务学、旅游管理学等。

管理学发展到今天仍然存在大量需要探索、填充的空白，随着高科技、信息化时代的到来与发展，人性解放、人格自由、人权平等意识越来越强烈，为人服务、促进人的完善理念也越来越影响着管理学的发展。

首先，从指导思想来看，管理学将越来越尊重人的天性，越来越重视人性的伸展，越来越强调管理的服务本质。从手段来看，管理越来越强调智能化、自动化和信息化，越来越主张主观和客观手段相融合的理念。其次，从目标来看，管理越来越重视组织内外的和谐融合，越来越注重社会效益和经济效益的互补，越来越关注管理品牌战略的实现和标准化模式的推广。最后，从构成来看，管理越来越尊重内部管理和外部管理、权力管理和情感关怀、专业管理和人性彰显、效益至上和生态完善兼顾，关注全局利益、系统利益、深度利益和长久利益的实现。

在这里给设计管理下一个定义是非常有必要的，也就是说无论有多少种设计管理，本书所探讨和研究的是一种概括性、提炼性、普及性设计管理的共通理论，即设计管理是基于各种设计目标由各层管理者或管理机构，对各类设计组织、设计人员、设计行为、设计活动、设计资源，进行计划、监督、协调、整合、控制、总结、创新的活动和过程。设计目标是设计管理的指向，管理者或管理机构是管理执行者，设计组织、设计人员、设计行为、设计活动、设计资源是管理对象，计划、监督、协调、整合、控制、总结、创新是管理手段，管理活动和管理过程是设计管理的主体。

目前设计管理是工业设计领域的一支新兴学科。该学科在国外虽然受到越来越普遍的重视，但是也只是取得了初步的成果。至于国内这一学科的研究也是到近几年才刚刚开始。

在全面深入研究设计管理学之前，需要解决的一个问题就是设计管理的原则问题，设计管理应该遵循什么样的原则？我们以为有五大原则必须遵循，那就是人性化原则、生态化原则、高效化原则、美学化原则、功用化原则。其实管理的原则必须遵循一个宗旨，那就是令管理对象和管理目标达到理想的最佳状态，如果管理对象、管理目标达不到最佳状态，那么管理者、管理活动应该遵循的原则也就失去了意义。设计管理的对象包括设计师、设计活动、设计过程、设计项目等，而设计管理的目标也就是设计活动追求的目标，那就是令设计消费者满意、符合社会整体效益的要求，除此之外才能谈得上设计管理追求的经济效益和市场价值，而不是反其道行之。

设计是人类改变原有事物，使其变化、增益、更新、发展的创造性活动。设计是构想和解决问题的过程，它涉及人类一切有目的的价值创造活动。所以设计必须是人为的活动，是由人改造旧世界、构思新世界、解决旧问题、创造新目的的活动。离开人、离开社会、离开人类的生活、离开人的思维和能动性，设计也就有可能不存在了。

既然设计由人创造，那么设计管理就应当尊重设计师和设计人员，在管理中从尊重设计者的角度去引导和培育设计师和设计人员的创造性。换句话说，设计创意是设计的生命，设计创意来自于设计师的大脑，今天人与人、团队与团队、民族与民族、国家与国家之间的决胜取决于大脑的较量，大脑已经成为重要的生产力并引领全球的经济新浪潮。当然，今日社会经济的发展与点子、知识、智慧、创意、精神、文化的关系越来越密切。

- 补充要点 -

管理的基本职能

1. 计划性

计划工作表现为确立目标和明确达到目标的必要步骤之过程，包括估量机会、建立目标、制定实现目标的战略方案、形成协调各种资源和活动的具体行动方案等。简单地说计划工作就是要解决两个基本问题：第一是干什么，第二是怎么干。组织等其他一切工作都要围绕着计划所确定的目标和方案展开，所以说计划是管理的首要职能。

2. 组织性

组织工作是为了有效地实现计划所确定的目标而在组织中进行部门划分、权利分配和工作协调的过程。它是计划工作的自然延伸，包括组织结构的设计、组织关系的确立、人员的配置以及组织的变革等。

3. 领导性

领导工作就是管理者利用职权和威信施展影响，指导和激励各类人员努力去实现目标的过程。领导工作的核心和难点是调动组织成员的积极性，它需要领导者运用科学的激励理论和合适的领导方式。

4. 控制性

控制工作包括确立控制目标、衡量实际业绩、进行差异分析、采取纠偏措施等。它也是管理活动中的一个不可忽视的职能。上述四大职能是相互联系、相互制约的，其中计划是管理的首要职能，是组织、领导和控制职能的依据；组织、领导和控制职能是有效管理的重要环节和必要手段，是计划及其目标得以实现的保障，只有统一协调这四个方面，使之形成前后关联、连续一致的管理活动整体过程，才能保证管理工作的顺利进行和组织目标的圆满实现。

第二节　管理现状与发展前景

一、概念提出

设计管理的概念最早诞生于20世纪60年代的英国。当时，这种管理的范畴还主要是指对设计公司与客户之间关系的管理。英国设计师Michael Farr观察到，在设计公司中，设计经理的主要任务是保证项目的顺利开展以及维护好设计公司与客户之间的关系，让双方的沟通顺畅。接着，他于1965年在英国工业设计杂志上，将设计管理解释为："界定设计的问题，寻找合适的设计师，尽可能地使设计师在既定的时间和预算内解决设计的问题。"这成为设计管理的经典定义。

同样是在英国，在英国皇家艺术学院与伦敦商学院的共同努力下，以Peter Gorb为首的学者们推动了对设计管理研究工作的分类与细化，设计管理的概念也因此得到极大的丰富。Peter认为设计管理是"部门经理对公司设计资源的有效配置，帮助项目与公司实现目标"。这一表述阐明了设计与公司目标的关系，明确了设计解决管理问题的另一手段。自此开始，关于组织中设计扮演的角色、关键管理要素所对应的设计门类与资源以及培训管理者如何有效运用设计等一系列的领域开始得到重视与研究。

1975年，Bill Hannon与马萨诸塞艺术学院在美国波斯顿成立了美国设计管理协会（Design Management Institute，DMI），将设计管理研究的重心由英国转向美国。DMI创办了官方网站并定期出版《设计管理回顾》（Design Management Review），与哈佛商学院合作推出了第一个针对设计管理的国际研究项目"TRIAD"，并通过举办设计管理国际会议等，在学术界和世界各地推广设计管理。

20世纪90年代，世界范围的设计管理相继展开。Patrick Hetzel进一步拓宽了设计管理的范畴，他认为管理设计主要是指管理公司内的创意与设计过程、从设计的角度与原理出发管理个业、管理设计公司。

Blaich＆·Blaich认为还需从设计与公司长期战略与目标的关系的角度来解读设计管理，他认为设计管理是制定与公司形象及战略相符的设计政策来服务于公司的战略目标，配置与管理各种设计资源并建立各类信息和创意沟通的网络。

设计管理是根据使用者的需求，有计划有组织地进行研究与开发管理活动。有效地积极调动设计师的开发创造性思维，把市场与消费者的认识转换在新产品中，以新的更合理、更科学的方式影响和改变人们的生活，并为企业获得最大限度的利润而进行的一系列设计策略与设计活动的管理。

设计管理可以是对设计进行管理，也是对管理的设计。设计，指的是把一种计划、规划、设想、问题解决的方法，通过视觉的方式传达出来的活动过程。它的核心内容包括三个方面，分别是计划构思的形成、视觉传达方式、计划通过传达之后的具体应用。而管理则是由计划、组织、指挥、协调及控制职能等要素组成的活动过程，其基本职能包括决策、领导、调控几个方面。

在当今这样一个信息化、敏捷化的时代，设计管理比任何时候更具挑战性、更具风险性，它是一种思考的技能。现有的战略中心已扩展到超出数字和技术界线的商业战术水平，在当今的产品技术形势下，企业形象和运行效率关乎企业的生存。依靠设计管理，将能维持连续不断的发展和有效提高商业活动的效果。一个具有非常使人喜爱的企业形象的公司，将赢得它的支持者与团伙的信任。由此可以看到设计管理的内涵包括：

1）设计管理是针对企业界各级社团的机构体制和业务经营的、正常的、基本的具体化评价和运用。

2）设计管理的目的是创造一个清晰的、有独特个性的、有凝聚力社团形象，集中地反映出一个具有持续发展前景、有巨大创造财富潜力、在前进发展中的公司面貌。

3）创立一个社团形象并巩固这个形象，首先基于它的产品、信息、环境媒介的吸引力，尤其与产品设计有巨大关联。

4）合理运用社团的各方面资源，充分调动社团内外一切有利因素去完成公司的任何任务，并将这些直观的行动方案贯彻实施到底。

5）一个符合逻辑的、有创造性的、灵活的管理计划成就了持续不断的设计发展和创造性的产品开发，以及经济方面的可行性。

6）创造一个社团形象是以文化为根据，服从管理与直观形象方面，经得起社会舆论的评价。

7）充分协调公司内部以及在公司和社会团体之间的沟通交往，帮助公司去化解商业界千变万化的市场难题，并激励公司向未来的成功冲击。

8）设计管理是一个新事物，它不断地更新任务及要求去经营。它投资在一个对任何公司来说都是有价值的、有意义的、不可估量的无形资产上。

9）设计管理提倡的是设计及管理的一体化，将设计扩大到社会的整体。

至今为止，通过半个世纪的发展与研究，设计管理的内涵越来越丰富。设计管理的概念已经不仅仅是将管理学的知识导入设计或者是将设计的概念传输给管理者，它越来越表现出一种整合多种学科话题的趋势。设计学、管理学、社会学、心理学、传播学等众多学科交叉于此，衍生出一系列的设计管理研究和设计研究的热门话题。设计战略、设计程序、设计风险、设计项目管理、设计审计、设计方法、设计与品牌、设计文化、设计产业等，这些研究范畴已突破了设计单个专业领域的局限，将设计放在更宽广的平台上，设计管理的多元化由此产生。

二、管理现状

如今设计已经进入了多元化、团队化、系统化的发展时代，不再是单一的设计师、艺术家的个体创作。

我们可以从国家、企业和教育三方面来观察设计管理发展状况。国家：出台设计政策、扶持企业建立最有效的竞争优势；企业：拟定设计策略、合理运用设计、形成核心竞争力；教育：开展设计管理研究、同时提供设计管理培训、向公众普及设计知识、提高鉴赏能力。这3个方面均处于相同、平等的地位，缺一不可。

认识到国家面临的主要挑战是更加有效地把设计融入整个商业过程中，这是设计与设计管理受到重视的开端。国家进行设计管理一般有两个目的，台湾学者刘瑞芬博士在《设计程序与设计管理》中谈道：一是提高国内产业设计的竞争与出口能力；二是在政府体系中纳入设计，系统评估产品设计的质量，为企业主提供咨询，组织竞赛和展览会等。美国、英国、德国、意大利、日本等发达国家在经济发展过程中，纷纷采用产品设计战略作为工业起飞的助推器，这都离不开国家层面上对设计与设计管理的重视与支持。

2004年瑞典工业设计协会曾发布了一个名为"The Design Ladder"的图表，用于描述与概括设计在企业内的应用状况。在这个设计阶梯上，几乎所有的企业都可以对号入座，找到自己的位置。从下至上排列的4个等级也揭示了将设计纳入企业运行和战略的4个发展阶段。

1. 第一阶段

没有设计。意味着市场仍处于卖方市场或计划经济阶段，设计对企业提供的产品或服务产生不了附加值（图1-10）。

2. 第二阶段

设计作为一种造型手段。中国在很长一段时间内是处于这个阶段的，企业包括设计公司进入的设计领域大部分还是外观造型，对于战略意见和设计思考并不感兴趣。设计师在这个阶段有一个代名词——美工，干着美化产品的活，设计管理在这个阶段几乎没有人思考与运用。

3. 第三阶段

设计作为工业流程的一部分。随着设计得到越来越多的重视，在市场与产品制造之间慢慢加入了设计这一环节。工厂不再直接响应市场需求，而是由设计师来关注消费者与市场，捕捉产品机会，进行设计创新。设计成为新产品开发链条上重要的一环，对公司形象与品牌策略也起着重要的作用。中国一些早期做代工的企业，例如富士康、联想、海尔目前正处于这一阶段（图1-11至图1-13）。在这个阶段中，设计不再作为单一的专业而存在，它与企业内的市场、销售、财务、制造等部门有着紧密的联系，设计管理的运用也随之增多，主要是对设计团队、设计项目的管理以及与相关利益部门的信息沟通管理。

4. 第四阶段

设计创新，是设计阶梯的最高阶段，在这一阶段设计和设计管理成为企业获利的一项核心战略，甚至成为企业的核心竞争力，这可以从近年比较成功的苹果公司的企业发展中得到佐证。

中国尚没有国家设计策略的执行单位，在国家的行政机制设置中，设计是一个零。2008年《国务院办公厅关于加快发展服务业若干政策措施的实施意见》曾将设计作为一种业态纳入现代服务业，却并没

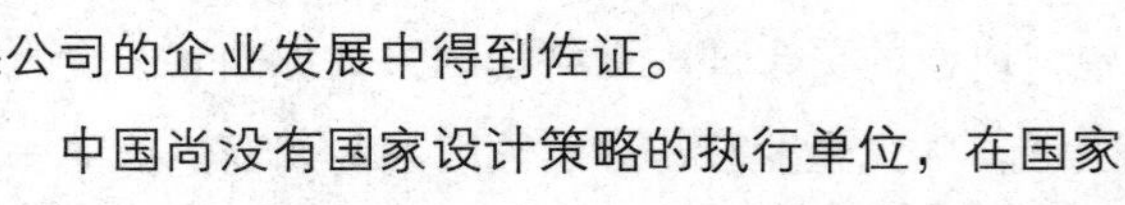

NO Design

图1-10　没有设计

图1-11　富士康

图1-12　联想

有从宏观战略上对设计做出定位。直到2010年，11个部门联合印发的《关于促进工业设计发展的若干指导意见》（以下简称《意见》），才是国家出台的首个专门针对工业设计产业的指导政策。《意见》指出到2015年，要培育出3～5家具有国际竞争力的工业设计企业，形成5～10个辐射力强、带动效应显著的国家级工业设计示范园区。

2014年，国务院印发了《关于推进文化创意和设计服务与相关产业融合发展的若干意见》（以下简称《若干意见》），就加快推进文化创意和设计服务与实体经济深度融合做出明确要求，提出到2020年，文化创意和设计服务的先导产业作用更加强化，基本建立与相关产业全方位、深层次、宽领域的融合发展的格局，明确提出了文化创意和设计服务与装备制造业、消费品工业、建筑业、信息业、旅游业、农业和体育产业等领域融合发展的重点任务和

图1-13　海尔

具体要求。《若干意见》还针对我国当前文化创意和设计服务发展，特别是与相关产业融合发展中存在的突出困难，提出了一系列扶持政策。这是继工业设计以来，国家首次对设计产业发展的定位与政策支持（图1-14）。

**文化部关于贯彻落实《国务院关于推进文化创意和设计服务与
相关产业融合发展的若干意见》的实施意见**

各省、自治区、直辖市文化厅（局），新疆生产建设兵团文化广播电视局，各计划单列市文化局：

为深入贯彻落实《国务院关于推进文化创意和设计服务与相关产业融合发展的若干意见》（国发〔2014〕10号，以下简称《若干意见》），提高文化产业创意水平和整体实力，推进文化创意和设计服务与相关产业深度融合，制定实施意见……

图1-14　《国务院关于推进文化创意和设计服务与相关产业融合发展的若干意见》剪辑

第三节　设计管理学的教育与学习方法

一、设计管理学课程

设计管理（design management）一词带有广泛的含义。自1966年英国royal society of arts首度提供设计管理奖项以来，其定义已被争论了近1/2世纪。因为该名词结合设计和管理两方面的复杂内容，所以其定义也是分别基于这两方面为出发点而进行展开的。然而不管怎样，这些定义却由此可以大致分为两类：一种基于设计师的层面上，即对具体设计工作的管理；而另一种则基于企业管理的层面，即对特定企业的新产品设计以及为推广这些产品而进行的辅助性设计工作所做的战略性管理与策划。

向学生与大众传授设计管理的基本知识与技能，培养未来从事设计管理的专门人才是设计管理教育的目的。因为设计管理本就是设计学与管理学的交叉学科，所以目前的设计管理教育也有两种形态：一种是将设计管理列为管理课程的一部分，如在MBA课程中加入设计管理课程，其目的是协助MBA学生了解设计与管理设计；另一种是将管理注入设计课程中，针对具有设计背景的学生，培养其设计实务的管理能力，让其未来能胜任企业中的领导角色。

在英国和美国的一些设计管理课程由此大概可以分为两种类型：一种是把设计管理列入现行管理课程的一部分，偏重于设计，这是属于管理系科的；另一种是将管理注入设计课程中，偏重于管理，这是设计学校开的，其目的让学生了解和掌握：第一是影响创造和创新的要素；第二是产品与生产、设计之间的相关性；其三是设计程序，并对设计提供资源系统；另外还有工业创新与工业设计师所从事工作的性质，以及与设计相关的各种法律保护等。

设计相关课程中的设计管理课程，其目的是帮助设计师成为管理者。一般而言，设计师作为设计服务的提供者，把过多的精力放在掌握与提升设计相关的技巧上，对管理的知识普遍储备不足，无法管理自己与他人，尽管他们能成为行业内的佼佼者，但由于设计在企业策略决策中依然处于次要的地位，故设计师仍无法在企业内部进入管理层，这样的情形使得英美的一些设计类学院开始引入管理类的课程，并且成立了专门的设计管理专业。

1. 美国Pratt学院的设计管理课程

Pratt学院的设计管理课程的出发点是将设计师转变成管理者，课程的目标是培养能够管理自己事业的设计专业人才和企业或设计咨询公司内的领导角色。要求攻读该学位的学生至少有3年的实践经验，并且能够边学习边工作。美国Pratt学院的设计管理课程见表1-2。

表1-2　美国Pratt学院设计管理课程

专业	课程	专业	课程
市场营销	战略营销	管理和后勤	设计项目管理
	广告和提升策略		沟通技巧
	客户和公共关系		新产品开发和管理
人力资源和组织动态	领导行为		目标研究
	领导艺术和团队组建		管理软件
	管理革新和变化	财务	财务报告和分析
操作环境	美国商业史		资本与市场
	知识产权法	计划和策略	管理决策
	商业法律		商业策略
	设计趋势		商业分析

2. 日本京都技术学院（Kyoto Institute of Technology）设计经营工学学科

多数日本学者认为设计管理是对设计资源的活学活用和继续经营，所以日本高校通常把设计管理理解为设计经营。日本京都技术学院是较早推行设计管理教育并率先将设计管理专业化的高校。在本科阶段设立了设计经营工学学科，在研究生阶段设立了设计经营工学专业。

该学科整合了设计、工学和经营3个领域的知识，旨在培养能够从协调环境和社会的视角创造产品的人才，既可以是设计师，也可以是工学技术者、产品与经营企划者（Demagineer）。按此指导思想，设计管理的教育从设计、经营与工学3个方面来开展。其中设计是以物品、设施或者建筑与环境的设计为中心，结合经营学与工学，思考如何合理规划、设计以及管理产品和设施；经营学习是以产品和市场关系为中心的市场经营学和品牌管理；工学是以现代环境问题、信息技术以及重视使用者的制造理念展开，着重培养具备设计理念和经营策划的技术者。

3. 英国Brunel University设计管理课程

英国Brunel University下设的设计与工程学院提供产品设计的本科课程与设计管理的硕士课程。大学本科课程可为3年全日制也可为4年三明治形式。两种学习方式实行弹性机制，方便学生转换，采用三明治学习方式的学生第三年进行产业实习。设计管理研究生课程下面有两个方向，一个是偏产品的设计策略与创新；还有一个是偏品牌的设计品牌策略。

Brunel的培养目标主要是培训学生在制造业和服务业中工作，而不是从事设计咨询，所以该课程主要是在设计和产业之间架设桥梁。硕士课程分三阶段学习，分别为理论知识、实习和论文；集中讲授的核心课程包括设计与创新研究、设计管理、产品研究、品牌策略、项目管理等。

4. 英国BIAD设计管理学士、硕士课程

英国BIAD（Birmingham Institute of Art and Design）是伦敦地区以外英国最大的艺术、设计和媒体教育学院，提供设计与商业（Design in Business）的本科课程和设计管理（Design Management）硕士课程。其中Design in Business本科课程在一、二年级主要是在设计课程中融入一些商业元素，三年级开始开设设计沟通、设计策略、管理软件等课程。设计管理硕士课程为授课型硕士，分为三阶段教学。

第一阶段为设计管理理论的教学，从商业环境和市场、设计政策、设计策略与管理设计4个模块让学生了解设计产业、设计在商业中所扮演的角色、设计管理实务、与设计相关的财务与法律事务等。

第二阶段以小组的形式展开项目，其中穿插教授研究方法、开展案例教学。

最后的论文阶段，学生可选取与设计管理相关的任意领域进行深入研究（表1-3）。

表1-3 英国BIAD设计管理课程设置

专业	课程
管理设计	设计商业形式、法律和设计保护、设计项目管理、财务管理
设计策略	设计策略角色、沟通方式、陈述技巧、案例分析
设计政策	国家政策、政策审计、产品与品牌价值、企业战略、危机管理
市场环境	商业经济趋势、公司战略规划、消费者行为、成本与价值、设计与消费

因此，设计管理作为一门新学科的出现，既是设计的需要，也是管理的需要。设计管理的基本出发点是提高产品开发设计的效率。对设计师来说，设计不是艺术家的即兴发挥，也不应是设计师的个性追求。在现代的经济生活中，设计越来越成为一项有目的、有计划、与各学科、各部门相互协作的组织行为。所以，在这样的背景下，缺乏系统、科学、有效的管理，必然造成盲目、低效的设计和没有生命力的产品，从而浪费大量的时间和宝贵的资源，给企业带来致命的打击。同时设计师的思想意图也不可能得到充分的贯彻实施。而另一方面，设计作为一门边缘性学科，它有着自身的特点和科学规律，并且与科研、生产、营销等行为的关系越来越紧密，在现代经济生产中发挥着越来越重要的作用。因此，产品设计以及为推广这些产品而进行的辅助性设计必然成为现代企

业管理的重要内容之一。不了解设计规律和特点的管理，以及对设计管理的不力，都会造成企业其它各项管理工作的不力。

二、如何学习设计管理学

如果将设计与管理这两个概念组合在一起，变成设计管理的时候，从不同的角度去理解，则会产生多种不同的字面意思。可以是对设计进行管理，也可以是对管理进行设计；可以是对产品的具体设计工作进行管理，也可以是对从企业经营角度的设计进行管理。然而不管怎样，设计管理已经发展为一个新的概念，一门新的学科，有着特定的内容与规律，并且作为企业提高效率、开发新品的一件利器，越来越多地受到企业界、设计界和经济学界的研究和重视。

任何一种管理都要讲究方法，管理的方法往往是更为讲究技巧和管理策略的一种思想和行为方式。设计管理同样具有自身的方法论系统；从管理过程运行的模式上，设计管理可以分为预先设置法和互动商议法；从管理与设计的过程融合程度上，可以分为全程控制法和节点检测法。

1. 预先设置法

设计管理应当是有计划性的，"未雨绸缪，有备无患"，凡事准备不充分，后期自然就会出现各种问题。这正是体现管理计划性的一种方法。管理的计划性来自于对事件的预测，而定性预测与定量预测是预测的两大具体行为。定性强调调查分析，重逻辑推理、重经验；定量强调数据分析，重实证统计、重计量，设计管理同样应当重视计划管理，事前规划、事前预测，没有文本、没有设想描述，设计目标很难实现。

许多划时代的伟大设计都有一个共同的特征，那就是或超越了时代，或超越了目前，或超越了普适。牙科手术及牙钻的发明与使用早在7000年前的印度河流域文明中就已存在，当时的手段与方法非常超前。至今其原理仍未被突破。今天的中央空调或中央供暖系统并非今人首创。大约公元前1000年人类就开始使用中央供暖系统了，当时的人在地板下和墙体内安装管道，传导由炉子或火炕加热的热空气来取暖（如图1-15），当时如此超前的做法从节能和使用效果上很可能胜过了今天的空调机或地暖空调体系（图1-16）。

设计管理的超前性与设计管理的计划性不完全一致。计划性是指设计管理的每一个步骤、每一个环节都按一定的要求和逻辑思维给出一个模糊或清晰的框架来，全面性、完整性、可行性是计划的基本要求，计划应当有相当充分的前期经验作为基础，且有实现目标的保证和可能性。设计管理的超前性跟计划性一样，尽管带有强烈的预设性、预测性，但它不需要全面、完整，也没有把握是可行的，它可以来自调查研究、逻辑推理、数理统计分析，也可以来自刹那间的灵感迸发甚至异想天开。

2. 互动商议法

设计项目、设计工程的筹划本身就是一个互动的商业事件。政府要在哪里

图1-15　火炕采暖

图1-16　新型地暖

建座大楼、要在哪里修公路、要在哪里建广场、要在哪里建所学校等不能简单靠命令来决定，要听证。政府要请专家听证、要请民众听证、要请兄弟政府听证、要请出资人和施工方听证，听证不仅在乎听，更要在于证，这个证有论证、商证之义。论证要讨论求证，商证要商讨求证。总之，设计项目、设计工程的施工需要多方坐下来好好商议、好好求证，征得多方比较一致的意见再立项，这就是一种互动商议法。

　　设计的核心工作好创意制作往往是靠团队完成的，也就是说一两个主设计师带几个设计技术人员就可以完成创意制作工作。尽管主设计师具有带头和引导作用，但他们与设计技术人员之间常常是平等相待的关系，更多时候是朋友关系，而很少持有长官的态度。著名设计师或著名设计品牌，往往都有自己特定的设计总监、销售总监或市场顾问等，这些总监或顾问往往就是这些设计师、设计品牌的经纪人或类似于经纪人的角色。经纪人和设计师之间的关系常常就是平等合作的伙伴关系，两者之间一损俱损、一荣俱荣。设计管理的民主性究竟来自哪里？来自平等意识。要想拥有民主，首先得确立平等意识，有了平等才有民主。因此设计合作的平等性正是设计管理民主性的基础。

　　惟有平等，才能民主。要想真正做到在设计过程中互动商议，就必须确立平等合作的理念。

　　3. 全程控制法

　　设计管理的全程控制法是建立在设计活动的全局观基础之上的。越大的设计项目其系统性、全局性、持续性、过程性就越强烈，而其中整个管理的时间也就越长，管理环节也就越繁琐，管理手段也就越丰富，管理者层级也就越多。设计管理活动要时刻拥有全局观念、整体理式，如果各管理部类非要分而治之、强调自己的主观思维，那么就会丧失管理事件准确的客观性，惟有客观的关系才是世界的本源。举个最简单的例子，在建筑房屋时，可以把它分为四个阶段，一是挖地基；二是为地基和地下室的地板浇筑钢筋水泥；三是内墙铺设管线；四是进行室内装修。这是一个连续的过程，它根据设计活动的部类组合，强调部类管理间的专一性和全过程管理的跟踪性。系统管理强调分、合间的关系，是空间上的组合管理思想。全局管理强调综合体合成的一体性，是空间上的整体控制思想。持续管理就是各部类衔接的跟踪管理，是时间上的延续发展思想。

设计管理的系统性、全局性、持续性是设计全程控制法的全貌，惟有系统的、全局的、持续的设计管理方法才是从整体上控制、引导、推进、完善设计活动顺利完成、高效完成的高屋建瓴的做法。

4. 节点检测法

节点监测法是一种追求实际操作性的管理方法，是将一整套管理方法分解为切实可行、明晰可见的管理段落、管理层次的做法，具体而不笼统、细致而不含糊是其最主要的特征。换句话说，如果说全程控制法有那么一点战略性的味道，那么节点监测法就充满着战术性的味道。全程控制法是上位性的掌握，节点监测法则更强调实战性的把控。阶段论、步骤论、重点论是节点监测法的三大哲学基础，它们都注重管理实践中的分解功能和各节点击破的战术。阶段论可以让事情变得过程明了、行为清晰。设计的阶段如表1-4所示。

表1-4　设计的阶段性

阶段	需求
创意酝酿阶段	设计投资人的需求、设计工程的社会性需求、设计团队的创意筛选
资源筹集阶段	设计材料的选择、设计辅助人员的配备、设计资金的筹集与供应、设计管理团队的组建
模式呈现阶段	设计文本的呈现、设计模型的呈现、设计合同的订立、设计管理的启动
生产制造阶段	设计产品的生产、设计工程的施工、设计创意的实践、设计项目的实施、设计管理的运行
营销推广阶段	设计产品的宣传、包装、商业策划、销售以及售后服务

设计管理需要对设计文本或者设计手册、设计图文介绍资料进行审议，对设计模型或者实物模型、电脑展示模型进行论证，对设计原理和设计施工过程进行认定，对设计工程的施工招标工作进行系统的准备和商讨，对一系列设计合同进行制定和签署。这一个阶段基本上就是设计管理者对设计师、施工单位、工程流程进行挑选、检验和认定的管理过程。

- 补充要点 -

美国设计管理协会

美国设计管理协会（Design Management Institute，简称DMI）成立于 1975 年，是设计管理领域主要的非营利性国际权威组织，致力于提升作为经营策略不可或缺部分的设计意识。DMI 通过会议、研讨会、会员计划及出版物为业界提供宝贵的专门技术、工具和培训，为自己赢得了多元化组织的国际声誉。

美国设计管理协会作为一个教育和研究机构，其宗旨是演绎设计在行业中的战略地位和改善设计管理及其利用。通过其丰富多彩的论坛、研讨会、会员课程以及发行物等方式，提供的无价的可操作性的工具和训练课程，为其赢得了全球的声誉。

课后练习

1. 什么是设计学？

2. 管理学的概念是什么？

3. 如何理解设计与管理的联系？

4. 设计管理学兴起的原因是什么？

5. 学习设计管理学的学习方法有哪些？并作简单讲解。

6. 设计管理学现阶段有哪些问题亟待解决？

7. 你认为设计管理学在未来发展会遇到哪些阻碍？

8. 设计管理学最早是谁提出的？又是在什么大环境下提出的？

9. 思考中国在对设计管理在不同层面上的应用。

10. 设计来源于生活，结合生活实践，谈谈生活中常见的设计与管理。

11. 以小组来展开讨论，阿里巴巴成功上市的背后体现了什么样的设计与管理理念？

第二章
设计管理学的市场需求

> **≪ 章节导读**
>
> 　　传统的设计课程多关注创意思维与表现技法的训练，对商业环境、商业趋势这部分少有涉猎，而这一部分的知识恰恰是大学毕业生最缺少的。了解商业发展状况不仅让我们了解到设计的另一面，即通过设计促使商业成功，而且还为设计师在设计时提供了一个独特的视角与新的切入点。未来不论是作为设计顾问还是驻厂设计师，熟悉商业趋势与运作规律，对其在进行设计创新、沟通设计、管理设计项目时都多有助益（图2-1）。

图2-1　商业市场

第一节　市场环境对设计的影响

一、商业环境与设计

　　在现今大的商业环境与趋势中，设计的重心早已从"产品设计"（Product Design）转移到了"体验设计"（Service Design）。产品设计虽然仍是设计师日常工作的重要部分，但是设计工作的焦点发生了改变，从以往的"帮助解决问题"转变为现在的"寻找更好的机会"上，会发现设计工作的内容、性质、设计师的角色也随之发生了改变。

　　第一，设计为消费者提供一个独特的购物和体验环境。商品是有实体的，服务是无形的，而体验是难忘的。体验服务型经济的到来，使得传统的分销加促销的模式已不再奏效。以商品作为"道具"、服务作为"舞台"、环境作为"布景"，使顾客在商业活动过程中感受美好的体验。这带来了关于室内设计、陈设设计、平面设计、包装设计等诸多的设计机会（图

图2-2 室内设计

2-2～图2-5）。

第二，将新材料与技术附于有形的产品实体。企业对新技术的追寻以及产品更新换代的需要，提供了新的设计机会。新材料与新技术，通过设计才能融合在各类产品中服务于人类。

第三，将商业视角与形象诠释成可以被感知的存在。每一个企业自身以及它所提供的产品和服务，也像社会中的人一样的各具特色。要将企业愿景、文化、精神、产品的品牌个性这些意识层面转换成可以被消费者感知的存在，并引起他们的共鸣，就需要进行品牌形象设计与传播。

图2-3 陈设设计

图2-4 平面设计

图2-5 包装设计

商业趋势对设计趋势的影响是非常直观的。绿色设计、生态设计是近年来广为提及的设计趋势，它表现为使用可再生的能源，减少能源消耗、减少生产与使用过程中的污染物排放与废弃物，促进物品的循环利用等，在各个设计门类都是炙手可热的话题。这类侧重考虑设计对环境影响的设计思维是突然并偶然出现的吗？答案当然是否。它既与人们的生活需求相关，也与社会和政治的大趋势相关，更为重要的是还与商业趋势密切相关（图2-6、图2-7）。

图2-6　绿色设计

二、全球化对设计的影响

18世纪英国的工业革命，带来了大规模的生产崛起，同时也使得设计与制造相分离，而现代生活中设计在工业生产中扮演着越来越重要的角色。

经济高速发展后，人们更希望有一种简单、自然、安全的生活方式。在这种大趋势下，有效和高效率的管理行为，使得设计行为不再局限于某地，而可以在世界的任一角落进行。回顾世界贸易和工业史，我们会发现全球化不是一个新的现象，糖进口后，生产为可口可乐再销售回出口国；同理，从世界各地进口的棉花，在英国纺织后生产出成衣再

图2-7　生态设计

回到当地与本土商品一同参与竞争。今天，中国在全球化进程中扮演着重要的角色，全球的制造业几乎集中在了中国和整个亚太地区。全球化也意味着我们生活的各个方面都更广、更深、更快地与全世界相连，对设计师来说，需要认识到其所设计的产品和形象也逐步地在全世界范围内销售和使用（图2-8～图2-11）。

据统计，2014年，英国65％的GDP收入都来源于服务经济。当今世界几乎所有高度发达的国家都已经成为"服务经济体"，中国的服务经济发展水平相对落后，但也力求转型。早在2005年，中国就制订了目标——"十一五"期间，中国的产业结构将从工业经济为主转身以服务经济为主。

服务经济背景下，市场的竞争不再是单一的价格与技术的竞争，服务的竞争（购物环境、售后服务等）逐渐成为竞争的主要内容，服务的提供也逐渐成为一些生意的核心，包括旅馆、餐厅、剧院、美容院、酒吧等。这也意味着设计将得到越来越多的关注，为了满足消费者深层次的需求，对消费者行为和心理的重视，促进了一系列设计机会的产生如环境、建筑、汽车、包装等（图2-12～图2-15）。

图2-8 蔗糖

图2-9 可口可乐

图2-10 棉花

图2-11 衣服

图2-12　悉尼歌剧院

图2-13　美容院

图2-14　汽车

图2-15　化妆品

中国制造业依靠劳动力价格优势，从20世纪90年代开始迅速发展，扮演着"世界工厂"的角色（图2-16）。然而，处于产业链最低端的它们只是提供OEM代工服务，根本不涉及设计与创新。进入21世纪以后，随着全球化的进程加快，人们开始意识到"设计"才是食物链的顶端。中国要想富强起来，就必须走上创新设计的道路。

目前，中国正致力于成为以创新为主的国家，不惜在研发活动上投入巨资，建立奠基于高层次技巧与知识的能力。越来越多的企业开始认识到设计是发展的有力的工具，也开始学会利用设计为企业的商业成功和品牌发展服务。

在中国市场上也孕育了一些利用创新手法设计开发新产品的领导品牌，比如联想、华为、海尔等。在榜样的影响下，越来越多的制造商认识到，中国设计的未来必须靠更加了解中国人民的生活与行为方式，以便设计出满足他们需求和渴望的产品，中国进入全球市场后，在设计与产品研发上都将扮演重要角色，包括汽车、手机、游戏和娱乐产业等。企业和设计都面临着诸多的发展机遇和挑战（图2-17～图2-19）。

图2-16　世界工厂富士康

图2-17　手机

图2-18　动漫

图2-19 游乐场

第二节 消费需求与设计

通常人们认为消费趋势对设计趋势存在影响，新产品开发过程中也会进行详细的消费趋势调研。这是因为消费需求与趋势的存在关系，即代表着未被满足的需要与欲望，同时也影响着新产品开发的目标与基调。加上企业不断研发与创新的技术与材料，需要在新产品上体现出来，这就好比一推一拉两股力的共同作用，即催生了市场上源源不断的新产品与设计。

回顾新中国成立以后，中国经济以及大众消费文化发展的历史，可以将其清晰地划分为短缺经济（改革开放之前）、过剩经济（1978年至20世纪90年代中期）及丰饶经济（20世纪90年代中期之后）。每一种经济形态与商业环境的特征不仅影响着身在其中的企业，也折射在每一时期的设计风格与趋势上。

短缺经济由于是典型的卖方市场，所以，设计的作用微乎其微，这里不再讨论。在过剩经济也就是大众化消费时代，企业的任务可以用9个字概括"上规模、降成本、造明星"，这个时期占主流的消费者是温饱型消费者，大多是中产下层阶级，关注基本的生活需求，并且对价格非常敏感。这一时期，设计的中心也就是凸显品质与质量，强调价廉物美。电视上的广告多是将产品与明星建立联系，让消费者爱屋及乌，产生移情作用。将这一时期俗称为"明星时代"（图2-20）。

丰饶经济又可进一步细分为小众化消费时代和个人化消费时代，中国目前正处在下一层的小众化消费时代。从大众化消费过渡到小众化消费，是由于人们生活水平与生活质量提高后开始独立思考、理性消费。除了产品的价格与品质外，大家开始关注并追求品味、时尚、身份认同与社群归属感。为了迎合这种需求，企业将顾客们依据共同特征分成不同的群体，提供的产品与服务也越来越多样化。相对地，在设计中，市场定位与细分以及对目标客群的心理需求的把

图2-20 明星代言

握，对设计策略的制定有很大的影响，甚至决定产品的成功与失败。

人们通常认为消费是一种物质性的行为，可这只构成了消费的前提，法国思想家让·鲍德里亚说道："有意义的消费是一种系统化的符号操作行为"，这样一种观点在近年来的中国社会的物质财富已积累到一定的水平中已经可以体验到了。

能促使消费者购买产品的因素很多，如品牌、价格、功能、外观、售后等。价格往往是消费者购买时所考虑的主要因素之一，如果在功能、价格相当情况下的两款产品，消费者会挑选在外观设计上较好的产品。消费者购买动机的形成并非如此简单，它是一个综合性复杂的过程，想要产品在市场具备竞争力，应该从消费者购买动机的各方面着手考虑，产品在市场上的竞争因素中，每一个环节设计都起着一定的作用及影响。所以说设计可以提高产品的竞争力，提高产品的销售量。例如，苹果在1998年推出的iMac电脑，

设计简洁、易操作、易亲近，用蓝白两种颜色的透明工程塑料制成流线型的外壳设计，内部机芯隐约可见，再加上强大的电脑配置，促使iMac在上市139天销售了80万台，创造了苹果当时的销售奇迹，使苹果起死回生。

从近几年互联网的网上购物的兴起可以看出来，中国制造业崛起，使中国成为全球制造中心，客观上促进了国际贸易与国内贸易的发展。这些大环境的形成，为阿里巴巴提供了发展的机遇与成长的空间。同时阿里巴巴为大量企业和创业者开启了财富之门，靠的是不断推陈出新的用户体验和不断升级的营销策略，也正是从这两点的演变中我们看到了中国电子商务的轨迹（图2-21）。

人们足不出户就可以享受到便利，手机一键下单全球各地的美食美物都能坐拥怀中，用更经济实惠的价格买到自己心仪的物品，不用再为了某个物品全世界的跑，这是传统的商业销售模式所不能媲美的，淘宝网上购物销售方式的兴起正是人们消费需求的带动（图2-22）。

2016年的双11当天，全球消费者在天猫国际开售后涌入，仅9个半小时，成交额就已超2015年全天。2015年双11首家破千万的澳洲大药房Chemist Warehouse在当晚23点19分，成为中国跨境平台首个破亿商家，这相当于一般跨境平台一个月的交易额；第二次参加双十一的梅西百货，仅用5分钟成交额突破2015年双十一全天成交额；美国第二大零售商Target首战双十一就得到骄人成绩，不仅拿下了全球VR购物第一单，其母婴类等多个商品成了天猫国际上领跑的爆款（图2-23、图2-24）。

图2-21 阿里巴巴logo

图2-22 淘宝网logo

图2-23　澳洲大药房

图2-24　梅西百货

据不完全统计，当天共有94个品牌成交额过亿元。其中优衣库2分53秒破亿，再次创造纪录，成为2016年双11全品类第一个"亿元俱乐部"玩家。苹果首度亮相双十一，就在手机销售中夺魁。全球最大奢侈品集团LVMH旗下品牌表现亮眼。首次参战天猫双11的法国娇兰，仅用12分钟，交易额已超过其入驻天猫时整月的预售额和"超级品牌日"全天销售额；同为该集团的MAKE UP FOR EVER仅用15分钟，成交额就达到2015年双十一全天的3倍。

阿里巴巴旗下天猫商城仅在2016年双十一交易额达到1207亿，交易覆盖235个国家和地区，一举创下全球零售史上的奇迹（图2-25）。天猫双十一启动话音刚落，就以超凡气势开场，20秒交易额过1亿、52秒交易额上10亿、6分58秒破100亿。双十一刚过半，12小时29分26秒，交易额已经达到824亿元，超过了2015年全国社会消费品日均零售额。最终，2016年天猫双十一全球狂欢节以1207亿留给世界一个大大的惊叹号！

一种物品不仅具有经济生命，也具有社会生命和文化生命。前者满足人们的某种需要，后者则铭刻文化的意义与价值。随着社会的不断发展与进步，物品的文化符号和精神符号渐渐脱离了物质的自身，成为消费活动的核心。日本就有一个专业名词来描述这个趋势——"脱物现象"。

在这样一种环境中，人们的消费行为更多的是借物移情，享受着符号或文化消费带来的快感。设计的作用也由传统的为具体的产品服务转变成为某种符

图2-25　天猫LOGO

号或意义制造氛围、提升价值，设计甚至挣脱了产品的束缚，由幕后走上台前，成为主角。这种转变和影响与目前对体验设计和服务设计的强调是一致的。

在探寻企业的种种商业行为的缘由，以及其与设计发生何种关系时，首先须弄清楚的就是企业的目标。大到5~10年的总体目标，小到每一个具体项目的商业目标，都是设计者无法回避的关键要素。企业未来的目标、存在的意义，也是企业之根本所在，它回答了企业为什么要存在，对社会有何贡献，它未来的发展是个什么样子等根本性问题被称为企业愿景。企业愿景又译企业远景（Company Vision），它是对企业前景和发展方向的一个高度概括的描述，由企业核心理念、由对未来的展望或者未来10~30年的远大目标和对目标的生动描述构成。企业愿景的形成是

企业自我认识的一个过程，它既是企业长期不变的信条，也是把组织聚合起来的黏合剂，更是指导企业各种行为的总的指导原则。

企业愿景为企业描绘了一幅美丽的蓝图，然而愿景的实现却要通过一系列的战略陈述和战略措施表现出来，并实施到日常的点滴行为中。不可否认的一点是，设计在各个层面与公司愿景产生联系，并在企业向外传递价值的过程中扮演着重要角色。

大规格的知名公司通常被作为成功运用设计达成愿景的典型广为宣传，要么在设计管理系统上有所创新，要么运用设计开发出独特的公司形象。然而小的公司也有这样的需求——运用设计传递价值、实现愿景。

第三节　对消费者需求的引导与管理

通常意义上，我们将这种人们在获取、消费与处置产品与服务时采取的活动称为消费者行为。简单地说，消费者行为学就是研究"人们为什么购买产品"的学问。一旦营销人员与设计人员了解了人们为什么购买某些产品或品牌，他们就可以更容易地制订影响消费者的策略。

一、为什么要了解消费者需求

在销售过程中，可能看到更多的销售人员在拼命的介绍产品，以至于忘了先要了解顾客的需求。很多销售人员只要顾客来了，就拼命的介绍产品，按自己的意愿想说什么就说什么，这样自顾自地介绍产品效果肯定不会很好，因为并不知道顾客想要什么，在想什么，这样销售的针对性就比较差，满足顾客需求的可能性比较小，销售的成功率就比较小。实践证明：没有了解顾客需求的销售是失去顾客盲目的销售。

【案例】

一天，一位中年妇女走进百货商店向女店员问道："有没有灰色的手套？"女店员表示已经卖完了，女店员虽然嘴上说着很抱歉，但态度很冷漠，使这位妇女感到很失望。这时，走进来了一位老者，直截了当的对女导购说："小姐，如果刚才是我的话，我会把白手套推荐给那位妇女"。女店员满脸不高兴说：人家需要的是灰色手套。这时恰巧门口进来了一位穿着时尚的女士，她朝女店员问道：有没有银灰色的手套？这时这位老者迎上前去，以爽朗的声音答道：很抱歉，刚卖完，新的一批货要过几天才会到，你看能不能用白色的代替呢？女士想了想，老者适时的说道：白色的手套更醒目，而且与你的身上的时装更搭配，最近，这种白色是比较流行的。面对老者的恳切之情，妇女说：好吧，我买白色的，不过白色的容易脏。老者立马会意地说：是的，白色的比较容易脏，这样的话就要勤洗，我想，如果您再有一双可以用来

替换的，那就方便多了。老先生声调柔和，诚恳，有着令人难以抗拒的魅力。这位时尚女士听后立即露出了愉快的笑脸，高高兴兴的买了两双白色手套。

案例中的老者就是世界著名百货店大王、"商业道德"的创始人瓦那美卡。女店员卖不出去的白手套，瓦那美卡不费吹灰之力就将两双白手套卖给同一位顾客；顾客需要的重点是手套而不是某种颜色的手套。

由此看来，只有了解顾客的消费心理与消费需求，并针对不同的顾客需求采取适当的应对措施，才能真正洞悉顾客的心理，更好的说服顾客，并激发顾客潜在的购买欲望。

二、怎样了解消费者需求

通过对消费者的研究与分析来时刻关注消费者动态已经成为公司决策层的首要考虑，如消费者的阶层、消费者的身份、消费者的性别、消费者的收入、消费者的消费心理、消费者的审美喜好等，都会影响对设计产品的选择和使用。同时，最杰出的公司正在通过各种途径搜集并分析消费者信息，并以此来引导公司的前进方向。因此，消费者研究在应用中扮演着举足轻重的角色，也成为设计师避不开的一个领域。

设计管理者在设计活动运作之间、之中以及之后一定要关注和剖析消费者的生活、心理以及需求，这毫无疑问是设计管理最为核心的内容之一。消费者的形式首先是多样、多元的，设计作为生活视觉形态的表征以及实用功利品的母体，很有必要去研究消费者对待器物的态度。大致说来，消费者对待器物的态度有三种：守旧型、随适型、尝试型。设计管理者关注消费者、尊重消费者、研究消费者，也就是提升和发展自己的设计，巩固和拓宽自己有效的设计市场

对消费者行为以及消费决策过程的研究构成了消费者行为学的主体，研究者们创建出了一个7步骤的消费者决策过程模型（Consumer Decision Process Model），来描述在决策生成过程中消费者所发生的活动，以及不同的内外部因素是如何相互作用、并影响消费者的想法、评估以及行为的。

该模型可以简单地将消费者决定过程表述为7个主要的步骤：需求确认→搜集资料→购买前评估→购买→使用→用后评估→处置（图2-26）。在这7个阶段的购买决策过程中，又有3类重要的因素影响着消费者行为，它们是个人差异因素、环境影响因素与消费者的心理过程，鉴于以上的研究认识，市场经营者们就有机会辨别这些阶段和影响它们的不同因素，并进行有效的信息交流和市场战略，用来适应和影响这些行为。过去，企业与商家即使只在一个阶段影响消费者也取得了成功，但这种情况在今天难以再现，现在企业、商家与消费者的沟通，对消费者的了解与影响都是多层次与全方位的。

（一）SWOT分析法

SWOT分析法（也称TOWS分析法、道斯矩阵）即态势分析法，20世纪80年代初由美国旧金山大学的管理学教授韦里克提出，经常被用于企业战略制定、竞争对手分析等场合。SWOT分析法是市场研究常用的分析方法之一，它是指把与研究对象密切相关的各种主要优势因素（Strengths）、劣势因素（Weaknesses）、机会因素（Opportunities）和威胁因素（Threats），通过调查罗列出来，并按照一定的次序按矩阵形式排列，然后运用系统分析的思想，把各种因素相互匹配起来加以分析，从中得出一系列相应的结论和对策。通过SWOT分析，可以帮助企业把资源和行动聚集在自己的强项和有最多机会的地方。

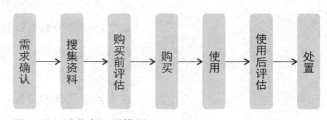

图2-26 消费者心理模型

主要的分析因素可以分为两个大类。优势与劣势分析：对优势与劣势因素的分析主要关注企业可以控制的内部因素，如产品、服务、品牌、制造能力、人力资源、后勤等。机会与威胁分析：对机会与因素的分析主要关注企业不可控制的外部因素，如技术、材料、地理、新竞争者等。

1. 运用SWOT方法分析步骤

首先，进行企业外部环境分析，运用波特五力模型或者PEST分析工具找出企业在外部环境中所面临的机会和威胁。

其次，根据企业资源组合情况，确认企业的关键能力和关键限制，找出企业目前所具有的优势和劣势。

然后，构造一个二维矩阵，该矩阵以外部环境中的机会和威胁为一方，以企业内部条件中的优势和劣势为另一方，该矩阵有4个象限或4种SWOT组合：

1）将内部优势与外部机会相匹配，得到优势—机会组合（SO）并填入SO的象限里；

2）将内部劣势与外部机会相匹配，得到劣势—机会组合（WO）并填入WO的象限里；

3）将内部优势与外部威胁相匹配，得到优势—威胁组合（ST）并填入ST的象限里；

4）将内部劣势与外部威胁相匹配，得到劣势—威胁组合（WT）并填入WT的象限里。

在完成环境因素分析和SWOT矩阵的构造后，便可以制订出相应的战略计划。制订战略计划的基本思路是：发挥优势因素，克服弱势因素；利用机会因素，化解威胁因素；考虑过去，立足当前，着眼未来。运用系统分析的综合分析方法，将排列与考虑的各种环境因素相互匹配起来加以组合，得出一系列公司未来发展的可选择战略。

2. 优势组合

1）优势—机会（SO）组合。这是一种最理想的组合，任何企业都希望凭借企业的优势和资源来最大限度地利用外部环境所提供的各种发展机会。

2）优势—威胁（ST）组合。在这种情况下，企业应巧妙地利用自身的优势来应对外部环境中的威胁，其目的是发挥优势而减少威胁。

3）劣势—机会（WO）组合。企业已经鉴别出外部环境所提供的发展机会，但同时企业本身又存在着限制并利用这些机会的劣势。在这种情况下，企业应遵循的策略原则是：通过外在的方式来弥补企业的劣势以最大限度地利用外部环境中的机会。如果不采取任何行动，则就将机会让给了竞争对手。

4）劣势—威胁（WT）组合。企业应尽量避免处于这种状态，然而一旦企业处于这样的位置，在制定战略时就要减小威胁和劣势对企业的影响。而要生存下去可以选择合并或缩减生产规模的战略，以期能克服劣势或使威胁随时间的推移而消失。

（二）PEST分析法

如前文所述，确认企业外部环境变化时需要用到PEST分析法。PEST分析法是战略咨询顾问用来帮助企业检阅其外部宏观环境的一种方法，它通过4个方面的因素分析，从总体上把握宏观环境，并评价这些因素对企业战略目标和战略制定的影响。

宏观环境又称为一般环境，是指影响一切行业和企业的各种宏观力量。对宏观环境因素做分析，不同行业和企业根据自身特点与经营需要，分析的具体内容会有差异，但一般都应对政治（Political）、经济（Economic）、技术（Technological）和社会（Sociocultural）这四大类影响企业的主要外部环境因素进行分析。简单而言，称为PEST分析法。

1. P即Political政治要素

Political政治要素是指对组织经营活动具有实际与潜在影响的政治力量和有关的法律、法规等因素。

2. E即Economic经济要素

Economic经济要素是指一个国家的经济制定、经济结构、产业布局、资源状况、经济发展水平以及未来的经济走势等。构成经济环境的关键要素包括GDP的变化发展趋势、利率水平、通货膨胀程度及趋势、失业率、居成可支配收入水平、汇率水平等。

3. S即Sociocultural社会文化要素

Sociocultural社会文化要素是指组织所在社会中成员的民族特征、文化传统、价值观念、宗教信仰、教育水平以及风俗习惯等因素。构成社会文化环境的要素包括人口规模、年龄结构、种族结构、收入分布、消费结构和水平、人口流动性等。

4. T即Technological技术要素

Technological技术要素是不仅仅包括那些引起革命性变化的发明，还包括与企业生产者有关的新技术、新工艺、新材料的出现和发展趋势以及应用前景。

以下是一个典型的PEST分析要素表（表2-1）。

表2-1　PEST分析要素表

政治要素	经济要素	社会文化要素	技术要素
执政党性质	GDP及其增长率	收入分布	政府研究开支
税收政策	利率与货币政策	人口统计、人口增长率与年龄分布	产业技术关注
国际贸易章程与限制	政府开支	劳动力与社会流动性	新型发明与技术发展
合同法 消费者保护法	失业政策	生活方式变革	技术转让率
产业政策 投资政策	征税	职业与休闲态度 企业家精神	技术更新速度与生命周期
政府组织/态度	汇率	教育	能源利用与成本
竞争规则	通货膨胀率	潮流与风尚	信息技术变革
政治稳定性	商业周期的所处阶段	健康意识、社会福利及安全感	互联网的变革
环保制度	消费者信心	生活条件	移动技术变革

（三）GAP分析法

GAP Analysls即差距分析，又称差异分析。GAP分析法是指在战略实施的过程中，将客户实际业绩与战略期望的业绩进行对比分析，进行战略的评价与修订。实际状况与事先制订的目标相比通常会产生差距，差距分析主要是分析差距产生的原因并提出减小或消除差距的方法。填补差距可以通过改变目标或者改变业务层的战略来实现。

差距分析的第一步是考虑修改公司战略。如果期望业绩超过目标，则可以将目标定得高一些。当目标大大超过可能取得的绩效时，也许必须将目标修改得低一些。在做出这些调整之后，如果仍然存在显著差距，就需要提出新的战略来消除这种差距。

例如运用GAP分析法对某企业市场销售额与市场潜力进行分析时，可能会得出以下造成公司潜在销售额与实际销售额差距的4个因素。

1. 产品线差距

如果产品线的生产能力不能够满足市场的需求，则缩小这一差距就需要从宽度或深度方面完善产品线，并引进新产品或改进产品。

2. 分销差距

可以通过扩展分销覆盖范围，提高分销密集程度和商品陈列缩小这一差距。

3. 变化差距

客户使用这一战略的目的鼓励没有使用过该产品的人试用，鼓励现有的使用者消费更多的产品，较多购买者再考虑购买产品。

4. 竞争差距

可以通过从现有竞争者手中夺取额外的市场份额，改善公司的地位，来弥补这种差距。

如果预期的差距不能通过降低行业的市场潜力或得到额外的市场份额来弥补，就应将注意力转向评价公司的业务组合，目的是修改公司业务组合，增加成长率更高的业务，并剥离成长率低的业务。

（四）4P分析法

美国营销学学者麦卡锡教授在20世纪60年代提出了著名的4P营销组合策略，他认为一次成功和完整的市场营销活动，意味着以适当的价格，适当的渠道和适当的促销手段，将适当的产品和服务投放到特定市场的行为。4P理论是营销学的基本理论，它最早将复杂的市场营销活动加以简单化、抽象化和体系化，构建了营销学的基本框架。

营销组合包括公司为影响产品需求所进行的所有活动，具体可分为4类变数，称为"4P"，即产品（Product）、价格（Price）、分销（Place）和促销（Promotion）。

（1）产品（Product） 代表公司提供给目标市场的实物和服务组合。

（2）价格（Price） 代表消费者为获得产品所必须支付的金额。

（3）分销（Place） 代表公司为使产品送到目标顾客手中所进行的各种活动。

（4）促销（Promotion） 代表公司为宣传其产品优点并说服目标顾客购买所进行的各种活动。广告、人员推销、销售折扣、现金折扣等都是重要的促销手段。

20世纪60年代，当时的市场正处于卖方市场向买方市场转变的过程中，市场竞争远没有现在激烈。这时候产生的4P理论主要从供方出发来研究市场的需求及变化，讨论如何在竞争中取胜。

4P理论重视产品导向而非消费者导向，以满足市场需求为目标，然而随着环境的变化，这一理论逐渐显示出其弊端。一是营销活动着眼于企业内部，对营销过程中的外部不可控变量考虑较少，难以适应市场变化。二是随着产品、价格和促销手段在企业间的相互模仿，故在实际运用中很难起到出奇制胜的作用。由于4P理论在变化的市场环境中出现了一定的弊端，于是，更加强调追求顾客满意的4C理论应运而生（表2-2）。

表2-2 4P与4C相互关系对照表

类别	4P		4C	
定义	客户（Customet）	研究客户需求欲望，并提供相应产品或服务	产品（Product）	服务范围、项目、服务产品定位和服务品牌等
	成本（Cost）	考虑客户愿意付出的成本、代价是多少	价格（Price）	基本价格、支付方式、佣金折扣等
	便利（Convenience）	考虑让客户享受第三方物流带来的便利	渠道（Place）	直接渠道和间接渠道
	沟通（Communication）	积极主动与客户沟通，寻找双赢的认同感	促销（Promotion）	广告、人员推销、营销推广和公共关系等
时间	20世纪90年代初期（劳特朗）		20世纪60年代中期（麦卡锡）	

4P与4C之间是互补而非替代关系。Customer，是指用"客户"取代"产品"，要先研究的需求与欲望，然后再去生产、经营顾客确定想要买的服务产品；Cost是指用"成本"取代"价格"，了解顾客要满足其需要与欲求所愿意付出的成本，再去制订定价策略；Convenience，是指用"便利"取代"地点"，意味着制订分销策略时要尽可能让顾客方便；Communication，是指用"沟通"取代"促销"，"沟通"是双向的，而"促销"无论是推动策略还是拉动战略，都是单向的线性传播方式。

三、多方位了解消费者

如今，市场竞争日益激烈，对消费需求的把握、消费者动机与行为信息的获得成为制订有效策略的重要基础，营销与设计人员开始转向行为科学，系统地搜集并理解消费者信息。消费者行为学是一门综合了经济学、心理学、社会学、人类学、统计学以及其他学科的应用科学，它包含对消费者行为研究的一定的理论与方法

（一）观察法

观察法指直接或通过仪器观察不同情境下的消费者行为动态并加以记录而获取信息的一种方法。它不通过访问或交流，而是凭借调研人员的直观感觉，记录被调查者的活动与行为。有的情况下，研究人员在一个自然环境中，比如超市、展示地点、服务中心等观察被调查对象的行为和举止。

例如，观察顾客的购物行为、顾客与售货员的谈话、顾客谈话时的面部表情等身体语言的表现、顾客进出商店以及在商店逗留的时间等。

同时也在人工环境下观察消费者，通常调查机构会事先设计模拟一种场景，调查员在一个已经设计好并接近自然的环境中观察被调查对象的行为和举止。在观察中可以分为单向观察法、家庭内部观察法与陪同观察法（表2-3）。

表2-3 观察法

序号	观察法	内容设定
1	单向观察法	第三方介入，通过单向镜观察使用者的习惯、颜色、外形
2	家庭内部观察法	进入消费者家庭观察产品使用的全过程，通过个人谈话或者用摄像机做出记录
3	陪同观察法	在陪同消费者的过程中进行不断询问，达到预期效果

（二）采访与调查

1. 焦点小组（Focus Group）

一般邀请6～9个参加者对某一主题或观念进行

深入讨论。实施之前，通常需要列出一张清单，包括要讨论的问题及各类数据收集目标。在实施过程中还需要一名专业的主持人，主持人要在不限制用户自由发表观点和评论的前提下，保持谈论的内容不偏离主题。同时主持人还要让每个参加讨论的用户都能积极地参与，避免部分用户主导讨论，部分消极用户较少地参与讨论等。焦点小组是一种定性的方法，通常用于深入研究各种不同的消费者和消费问题，应避免用其收集定量的数据。

2. 现场调查（Ficld Rescarch）

用于研究影响消费者选择商品或服务的决定因素，例如，顾客对某一品牌洗衣粉的选择可能取决于超市货架的位置。顾客满意度调查，问卷和投诉都能为改进产品和服务提供关键的信息。许多销售现场调查都采取购物中心拦截的方式，这种方式可以向消费者展示更多的产品与样品，询问更多复杂的问题，但成本高昂，也易受采访者个人偏见的影响。

3. 电话调查

使研究人员可以接触到大量的用户，而且能快速从消费者那里获取大量的信息，但是，所涉及的问题都相对简单。

4. 个人专访

一对一的专访能获得对顾客更深入、更为主观的了解，通常比焦点小组更能反映出顾客对产品或服务的真实想法（图2-27）。

（三）人口统计学方法

运用人口统计学方法了解消费者是基于一个统计数据库进行的，它根据一套特定标准将人群分类，例如居住地、收入、年龄、购物特点等，这些都是洞察力十足的分析工具。这些工具由一些推论假设支撑，例如拥有相似生活方式、行为与品位的人，同时具备相似的购物习惯等。

英国的TGI（Target Group Index）是具有40年历史的运用人口统计学方法研究消费者行为的领导者，它每年在全球60多个国家进行近70万人次的采访，深入研究消费者对产品、品牌与媒体的态度及购买行为，它的分析结论代表了全球10亿人口的产品、品牌消费行为、态度与媒体使用情况。

中国是TGI调查样本覆盖最大的市场，中国的CNRS（中国城市居民调查）就是与TGI合作的产物。CNRS调查在15~69岁的居民中选取了近10万样本，通过人口统计学的方法，深入解读居民的消费行为，并可以推演至1.2亿人口。

由此看来，对目标消费需求的了解是一个方面，通过各种手段去影响与引导它也至关重要。由于消费者自身消费能力的提高、消费知识的不断丰富及国外消费示范的影响，消费者的消费心理也时时发生着新的变化。而企业和设计师也都必须根据消费者心理变化的发展趋势，采取适当措施，来对消费者的需求加以引导和创新，以便更好地服务于大众与生活。

图2-27 电视节目个人专访

- 补充要点 -

绿色商业科技与消费设计

绿色商业科技是近几年比较提倡的消费理念，它指能减少污染、使商品流通环节更加环保的科学与技术，是使实物商品和服务商品在较好的环境下得以实现的科技。在我国居民消费由数量型消费转向质量型、健康型消费阶段的过程中，商品流通领域的"绿色"就显得更为关键，在社会不断要求和谐发展、绿色文明的今天，绿色商业科技已成为可持续发展体系的重要组成部分。

绿色商业科技的内涵可以从多维角度理解：

（1）绿色商业科技是使食品在流通环节当中，保持安全、新鲜，并被合理、经济地利用的科技。

（2）绿色商业科技是在商品流通环节当中，能尽量减少污染，做到环保高效的科技。例如，通过商品合理运输，降低成本的同时减少尾气排放，降低对环境的破坏等。

（3）绿色商业科技是在企业流通过程中，能将企业自身利益、消费者利益和环境保护利益三者结合的科技。例如，尽可能利用再生资源，产品实体中不添加有害环境和人体健康的原料、辅料。在产品流通过程中消除或减少"三废"对环境的污染。

（4）绿色商业科技是使消费者能高效、环保消费的科技。例如，当今流通过程的自动化、电子化、信息化、人工智能化，以及流通过程使用可降解塑料袋，不污染环境等的科技。

（5）绿色交易科技，是指有利于节约能源及材料消耗，减少环境污染的交易技术，如POS系统、MIS系统等。

（6）绿色结算科技，是指商流过程中的节能、环保、高效的结算科技。例如，在商流过程中采用的各种结算方式，如商场、饭店、宾馆、酒楼、酒店银行卡（含信用卡）结算，电子商务过程中的电子货币结算，现代易货贸易中"易货额度"结算等。

绿色物流（green logistics）科技，是指与节约资源及保护环境相联系的物流科技，狭义的绿色物流科技仅指逆向物流科技。由于流通过程中的现有污染主要发生于物流领域，节约资源、保护环境方面最有潜力的流通活动也集中于物流领域。

广义的绿色商业科技从横向来看，可分为绿色商品（含服务）科技、绿色商流科技、绿色物流科技、绿色信息流科技，以及与之相适应的绿色资金流科技和绿色消费流科技；从纵向来看，可分为绿色物流与配送科技、绿色交易科技、绿色消费科技等；从行业来看，可分为批发方面的绿色科技、零售方面的绿色科技、商业服务方面的绿色科技、物流方面的绿色科技等。

绿色商业科技的特征是环保、高效、节能，以保护环境、节约能源为主，将企业赢利、消费者利益与环境保护结合为一体。绿色商业科技通过科技创新、科技优化等手段提高效率，节约能源，保护环境。

1. 商业环境对设计有哪些影响？
2. 全球化对设计的影响有哪些？请举例说明。
3. 市场需求与设计之间有什么联系？
4. 服务型经济的发展对设计有什么影响？
5. 企业与消费者是什么关系？
6. 为什么要对消费者进行调研分析？
7. 现场调研与个人专访的观察方式哪个更能直观地反映消费者需求？
8. 如何正确管理与引导消费者需求？
9. 了解消费者需求的方法有哪些？
10. 以小组为单位展开一场关于消费者需求的社会实践，并做出结论分析。

第三章
设计师与管理者

学习难度：★ ★ ★ ☆ ☆
重点概念：政府影响力、国家政策、企业战略

PPT 课件，
请用计算机阅读

◁ 章节导读

　　设计管理根据法定职责、出资人的种类、覆盖的社会面、战略高度和社会影响力来看可以分为政府设计管理、行会设计管理和企业设计管理。其中政府是设计的宏观管理者、行会是设计的中观管理者、企业是设计的微观管理者（图3-1）。

图3-1　商业设计中心

第一节　政府与设计者

　　一个国家和地区对设计的态度会直接影响某个企业内部的设计政策，企业的设计政策又直接影响着其设计战略的制定与设计计划的实施。所以我们要了解企业的设计战略，需从更高层面的设计政策谈起。设计毫无疑问属于国家精神文明建设的主要工具之一，政府设计管理其实也是一种文化事业活动。

图3-2 设计

国家进行设计政策的管理有两个目的：首先，提高国内产业的设计发展水平，使产业在国际上具有竞争与出口能力，因为政府意识到了"设计"在提高工业产品质量以及国际市场上的竞争力等方面扮演着重要的角色；其次，在政府体系中纳入设计、系统评估产业设计的质量、为企业主提供咨询、组织竞赛和展览会、为设计者和其他专家提供信息和教育等（图3-2）。

目前较多国家的设计政策是以"委任"的方式进行的，这种"集中"与"间接"方式的结合，互补了这两种方式的优缺点，被多数国家和地区所采用。亚洲包括日本、韩国、中国台湾和香港地区均是以这样的方式扶植企业，使产品走向国际化，同时增强其出口它国的能力。

实际上，政府设计管理活动涉及的核心事业类型应该有以下三个，即设计活动类、设计知识产权类和设计教育类。

一、管理性

政府是设计管理的第一管理者。政府设计管理针对的主要是政府设计吗？什么是政府设计呢？自然就是涉及全民性的、全国或全地区性的，不宜下放给民间组织去操作实施的设计。比如城市大型建筑、水电煤气等公共设施、城市生态环境的规划与城市道路桥梁布局与规划设计等（图3-3~图3-6）。

另外，政府还是国家设计政策、设计文化法律法规、设计行政制度、设计市场引导和监管的主要责任人，这也属于政府设计管理的重要方面。

图3-3 城市大型建筑

图3-4 城市公共设施

图3-5　城市生态环境的规划

图3-6　城市道路桥梁布局

二、组织性

政府设计管理显然是最高级别的设计管理，它从计划、民意调研、专家论证、组织竞标、筹资运营、施工建设到监督审查、常规验收、社会反馈等方面都必须伸出法权之手参与其中，并作出应有的推动、纠偏、暂缓、指引甚至终止等各种各样的示意性动作。这么多动作的规划和有序的完成就是一种组织工作，就是一种组织力的体现，组织得好自然容易全部实现，组织力不够，甚至能够中断设计活动。

政府的设计管理最本质的特征是带有宏观性。首先，它必须兼顾民意民生、地区经济、生态环境、发展前景、资源开发、政治格局、文化氛围等方方面面，这可能是行会和企业所不能达到的高度和视野。其次，政府的管理力首先应当表现为组织力，成立什么、废除什么、变更什么、推行什么，都体现出政府强大的组织功能。

政府设计管理无论是在国外还是国内，都是最主要、最早的一种设计方式，尤其在地区全面发展的规划性行为中，政府的功能尤为重要。政府有调动社会资源的优先权，所以政府可以组织一切本国或本地区的力量参与到社会的设计事业或设计产业中来。

政府可以通过委托、聘请、合作、代理甚至买卖、行政命令等手段调动和组织各类设计资源、设计人员和设计单位、设计力量参与社会的设计事业，这种对各种力量和资源的调动和激活就是组织行为的基本做法。凡是政府的大型项目、政府规划的大型工程，通常社会的各类设计组织和设计力量都比较感兴趣。

政府应当合理使用法权组织社会各类力量来参与社会设计、社会生产，跨地区的资金、自然资源、人力资本、设计创意、施工水平、设计生产线的相互租用、相互调配、相互合作。

把分散的各类社会力量通过搭桥引线撮合在一起、拧成一股绳，原来不能完成的任务也可能轻轻松松地完成；把互不认识、互不了解、互相貌似不可能走到一起的各种社会资源通过政府中介周转的调动、介绍、转借而嫁接到一起就可能形成强大的创造力和运营力；把社会设计事业或设计产业中遇到的种种障碍、压力通过政府政策人性化的适时调整、变通得到化解，从而为设计事业、设计产业顺畅地推进提供了保障。

综上所述，凡是由政府参与其中的设计行为、设计活动更加容易完成，因为政府出面参与组织、筹备、调用社会资源显得轻松自如。

三、约束性

政府是社会设计行业的约束者。其约束力的根源是政府拥有规范社会的合法行政权。约束的目的是为了维护全社会的公平公正、维持自身的公信力。约束的手段极为丰富，包括经济奖惩、税收杠杆、行政命令、培训教育等；约束的好处是能够最大限度地降低社会资源内耗、减少各种社会摩擦、消解社会矛盾，从而积聚社会积极向上、团结一致的正能量；政府的约束性具有强大的民众拥护力和民众信服力。

所有社会设计资源被组织到一起去，从各管各变成一统管，没有隔阂和对抗、没有裂缝和争执是不可能的。其中最主要的障碍就是彼此的利益分配问题。这不仅靠各部类的自觉和理性协调，更需要白纸黑字、明文确立的合同、协议，合同和协议必须经由公证部门公证，还应该具备法律效力。所以政府实际上对设计中的纠纷、权益争端起到一个约束的作用。

政府对设计事业或设计产业具备的约束功能主要体现在以下方面：

（1）建立合理完善的设计文化的法规条文，让设计活动、设计工程、设计项目的申报、审批、执行、监督、验收等过程有法可依，使一切设计活动和设计过程尽量依据法规参照执行。

（2）组织和建构各类设计标准，这些标准将作为考察和验证设计成果的重要参数。如民宅的高度和密度标准、汽车的尾气排放标准、电子产品的辐射参数标准、家装的辐射参数标准、空气质量控制标准、儿童食品安全检测标准等都必须由政府进行制定和严格的跟踪执行。

（3）对设计及生产行业的发展方向和行业结构进行有力的约束和监管。如在人口密集地区杜绝高污染化工化学生产企业的进入，在生活水源的上游甚至沿流杜炼炼钢炼铁及其它类型污染严重企业的建设，在市区杜绝噪音污染严重的器械化生产企业的进入，有力制止现代工业生产、现代房地产开发对古建筑、古民居、古代文化遗迹产生任何伤害或破坏等（图3-7～图3-10）。

（4）有力控制设计生产资质的审查和审批工作也是政府约束力的表现。对设计产品设计生产权力的发放和获取工作的约束。政府除了要控制污染企业、浸染设计行业的发展和分布之外，还要有力控制和约束公共危害性很大、社会安全隐患性巨大的行业和生产，如刀剪器具设计生产资质的审核、烟花爆竹设计生产资质的审查、枪支弹药设计生产资质的限定和跟踪控制、药品食品设计生产过程的严格监控等。

值得一提的是，近几年"禁烟花爆竹"的政策。每年春节烟花爆竹声音震耳欲聋，其中孩童在燃放爆竹发生意外事故的案件让人深思；春节假期结束后的"开门炮"更是让人无法忍受，产生的空气污染、噪声污染更是巨大；每年新闻都会播报环卫工人艰难清扫"开门炮"燃放之后的纸屑垃圾，造成了严重的环境污染等（图3-11～图3-14）。近几年大家响应国家的号召，践行绿色环保理念，理性表达节日庆贺，这正是政府约束力的表现。

除此之外，其他类设计活动的约束力。如参与工程和项目的过程监管，通过法权的威慑力推动工程和项目的顺利完成，一个大型设计，各参与方为了与政府保持良好的关系，自然对政府介入的调解和劝诫相对更加愿意接受，这样各设计参与方之间的矛盾、冲突在政府的适度调解和推动下也就自然而然更方便地得到化解，政府没有动用任何法定权力，但政府的威慑力实际上有时是更为强大的约束力。

政府就是社会活动、社会发展强有力的约束者，因为政府天生对社会功能协调具有约束力，所以政府作为宏观设计管理者也就理所当然。

图3-7　古建筑

图3-8　古民居

图3-9　古镇

图3-10　兵马俑

图3-11　烟花夜景

图3-12　大气污染

图3-13　垃圾纸屑

图3-14　环卫工人清理垃圾

四、政府作为引导者

政府的管辖范围无所不包、管辖内容包罗万象、管辖责任海纳百川，政府却又不能臃肿、超员，怎么办？只有两个办法：第一，政府作为宏观管理者起到引导或协调功能，引导管理可以让政府不用陷入事无巨细的亲力亲为之中；第二，成立更多的社会中观管理层来协助政府完成管理职能，也就是在管理构架上吸收进政府的受托人、政府的代理人、政府的合作者，以此来减少政府管理成本的比重。设计毫无疑问属于国家精神文明建设的主要工具之一，政府设计管理其实也是一种文化事业活动。实际上政府设计管理活动涉及的核心事业类型应该主要有三个，即设计活动类、设计知识产权类和设计教育类如表3-1所示。

表3-1　政府设计管理活动涉及的核心事业类型表

设计知识产权类	设计教育类	设计活动类
设计专利技术保护 产品商标保护 产品外形设计版权保护 设计著作版权保护 设计创意版权保护 设计材料研发产权保护 其他设计知识产权保护	高等设计教育管理 中等设计教育管理 基础设计教育管理 成人设计教育管理 特殊设计教育管理 专项设计教育管理 其他类设计教育管理	文化遗产保护 非物质文化遗产技艺保护 古建筑群的保护 古城保护 古墓葬挖掘和保护 城市市容市貌规划 城市建设道路桥梁规划和建设 地区生态设计保护 城市形象工程设计 城市大型建筑设计 城市公益休闲场所设计
维护和保护设计创作、设计品使用、设计创意能力的合法权益	设计艺术的各种教育管理	支撑设计的创作、创意、传播和欣赏的行为

首先，政府作为引导者的宏观管理。引导管理是一种战略性综合管理，管理者用最少的动作却糅合进了所有的管理，旨在让被管理者通过牵引、被指导的方式完成管理任务、实现管理目标。

引导管理又可以称为引导式管理，指管理者通过政策制定、目标提供、计划供给等方式来指引、限定被管理者的工作方向、行为准则、处事原则，从而通过被管理者在既定方向上的努力而实现目标的一种管理模式。引导管理者实施的其实是一种战略性、政策性的管理，具体的工作过程和工作细节以及操作性、执行性、战术性管理由被管理者自行完成。

当然，现在的形势要复杂得多，中国事业单位的改制堪称大刀阔斧般地已经行进到了中后期，如今的事业单位已经非常错综复杂，起码从事业单位的拨款方式上看，逐步的"断奶政策"使中国事业单位在拨款方式上分成了三类：

1. 全额拨款事业单位

全额拨款事业单位主要包括国家办的学校，特别是义务教育阶段的各类学校，绝大多数省一级的文化、审计、交通、工商税务、粮食、卫生、邮政广播电视厅局级单位等是其代表。

2. 半额拨款事业单位

半额拨款事业单位又称差额拨款事业单位，如曾经影响国家经济命脉和文化命脉的银行、医院、文化宫、剧团、剧院、广播电视台、研究院所以及局级单位的下属单位等是其代表。

3. 自收自支事业单位

自收自支事业单位即无拨款事业单位，如某些地方机构办的设计院、地方上的粮站、房管所、食品检测站、环保监察大队等是其代表。

当然，省市一级的设计院、设计科研院所如今如果还没有被改制为企业的基本都已属于上述第三类事业单位，除了已经退休的设计师、工程师和规划师的收入仍按国家财政拨款，在职的设计师和年轻一代的设计人员都已面向市场，以个体或团队的方式参与设计市场的自由竞争、自负盈亏了。

政府对设计管理的意义：

（1）政府机构能够实现有效的控制，精兵简政的理想就能实现。

（2）避免了政府干涉具体设计商业活动、插手具体设计市场行为，避免了设计经济活动中政府腐败行为发生的概率。

（3）锻炼了设计企业、设计机构、设计人员参与市场竞争的自我管理力。

（4）减弱了计划经济的控制力，推动了市场经济的全面发展。

（5）实现了社会资金力量和社会设计力量自由组合、自由嫁接的运营模式，从而避免了人为撮合不合适资源相衔接的主观性和强迫性。

（6）增加了设计管理中人治向法治转型的成功率。

（7）减轻了政府的负担，可以让政府腾出更多的精力制定出更多、更优秀、全局性的宏观政策。

综上所述，凡是由政府参与其中的设计行为、设计活动就更加容易完成，因为政府出面参与组织、筹备、调用社会资源显得轻松自然如或者容易成功。

政府应当合理使用法权组织社会各类力量来参与社会设计、社会生产，跨地区的资金、自然资源、人力资本、设计创意、施工水平、设计生产线的相互租用、相互调配、相互合作。

总之，政府的组织力、约束力、引导力应该是政府担任宏观设计管理者最主要的三大力量，面对社会各类设计资源进行有效组织、对社会设计行为进行有效约束、对社会设计政策实施引导管理，正是政府相当宏观设计管理者的三大重要职能。

第二节　行业管理者

行会（行业协会或行业联合会）作为设计管理的中观管理者，除了制定行业标准、监管企业的设计与生产，还作为消费者的把关人与选优人，替市场选出优秀的企业与产品、清除掉劣质的企业与产品。简而言之，行会通过制定设计标准、通过监管设计企业最终实现筛选设计产品、肃清设计市场、培植设计企业的功能。筛选的本质便是评优、选优、换言之同时对应的便是辨劣、除劣。

无论在农业手工业时代还是机器工业时代，政府都是设计管理中最为重要的管理者之一（图3-15、图3-16）。政府作为设计的宏观管理者与行会的关

图3-15　农业手工业时代

图3-16　机器工业时代

系随着机器化、信息化时代的发展而越来越紧密。对行业队伍和行业产品进行优劣筛选，这便是行会的三大管理功能。作为中观管理者，行会也是政府从事行业性设计管理最有力的协助者甚至执行者。

一、行会的专业性

机器化、信息化大发展导致流水线式的生产成为社会主流，信息化带动机器制造产品的全球化流通（图3-17）。产品商业的全球性繁荣致使产品在销

售广度上拓展的结果便是：产品的标准化设定日益重要。所有产品使用的语言、操作界面及按钮、功能识别系统、功能使用技术等要能满足不同国家、不同民族、不同人种、不同消费群一致的需要，关键是要让不同的人群在使用产品时方便而顺当，这就是标准化设计。

标准的制定是技术活，标准体系是对技术深度发展的细微化分析和研究的专业成就，所以政府很难从专业上真正起到全面把控和熟悉的成效。于是专业性、技术性、管理性的行会就成为这一职责的不二选择。

图3-17 流水线生产

图3-18 设计大赛评比

设计行会正常情况下有三种筛选评优的手段，或者说设计行会通常有三种控制、规范、促进设计企业、设计市场优劣发展的方法和手段：程序性方法手段、评奖和比赛性方法手段、教育性方法手段。

1. 程序性方法手段

程序性方法手段指设计行会有条不紊、按部就班地对设计企业进行日常性标准制定、跟踪检测和指导管理、发放证书和标识、设计报告的调研和撰写、下达政府政令、参与指导政府设计行业法规政策的制定等。通过这些日常程序性工作的执行与完成达到对设计企业、设计产品、设计市场的了解、引导和纠偏。

2. 评奖和比赛性方法手段

评奖和比赛性方法手段指行会受政府委托或自主独立举办各类设计创意、设计产品、设计工程与施工的各级各类竞赛评比活动，用以鼓励对设计事业作出重大贡献的设计师、设计企业及设计产品。通过举办评奖竞赛活动推动一国一地区设计事业的发展，正面引导设计管理工作，激发设计师的积极性、上进心和创意灵感，同时也能营造设计界良性的竞争氛围（图3-18）。

3. 教育性方法手段

教育性方法手段指设计行会可以举办各种设计门类深度强化的再教育、再培训工作，让本国本地区的设计师不断了解行业的新发展、新动向，以此带动设计知识、设计视野的升级，保持设计师旺盛的学习力和思考力。同时，教育性方法手段还体现在设计行会举办的各类设计师、设计资质的社会性考级上。

由企业制定、内部使用的标准就是一种区别于前四大类标准（法定标准、强制标准、参照标准、最低标准）的第五类标准，即个性标准。如美国汽标准便分成国家标准、行业标准、企业标准三个层次；我国在建设工程标准方面也分国家标准、行业标准、地方标准和企业标准四级。如此看来，行业标准不仅由政府和行会来制定，企业也有制定标准的可能性。欧美国家的行业标准集中在民间行会的参与和主持制定上，政府往往更尊重专家机构的专业意见，如美国比较著名的民间电子检测认证机构有美国保险商实验室（UL）、电气测试实验室（ETL）和MET实验室（MET），它们具有行会和企业的融合性质，即以企业身份从事行业标准制定和管理工作，它们在全球的声望和企业的号召力使得它们也是美国电子检测认证国家标准的制定人。中国的行业标准一般受计划经济影响严重，由政府自上而下组织标准制定的情况占绝大多数，行业层面的自主权相当薄弱，在中国汽车行业，目前所有标准（除企业标准外）甚至均是由政府部门批准发布的，尚缺少民间标准团体自发组织制定并发布的标准体系。

设计行会除了拥有制定行业标准、跟踪监管设计企业和设计产品、设计优劣筛选三大管理身份之外，还是政府设计管理重要的参谋和助手，以及国家设计法规、设计政策制定最重要的参与者和提示者。设计行会是衔接政府与设计最主要的桥梁，所以称之为设计中观管理者是恰如其分的。

二、行会的管理性

行会设计管理对政府的设计管理是有力的补充，行会的设计管理相对更加专业、细致、深刻，而制定全球、全国或全地区的行业标准是其首要的工作。行会通过设定标准来进行设计管理是很有意义的事。

行会带有政府性质，即行会可以由政府或政府职能部门组建，如国家环境监测总站、国家水利水电科学研究院、国家水环境研究所等，地方政府也可以组建地方性的行会，除此之外的行会更多的是民间机构。民间行会是社会组织、社会企业共同出人出资自愿联合成立的，规范公共市场秩序、协调公共资源分配、商讨制定市场平均价格、监控和鼓励公共市场平等竞争是企业自愿成立行会的根本目的。

行会的设计管理可能没有法定效应，但具备四大类标准的制定和监管权。这四大类标准为法定标准、强制标准、参照标准、最低标准（表3-2）。

表3-2 四大法定标准

序号	类型	定义
1	法定标准	类似于法律条款，具有最广泛的普适性，常常会成为其他标准的上位指导标准
2	强制标准	行业内最为严格的行动准则，是必须遵守且不容商榷的行为指南，违背标准就可能触犯法律且可能对行业和自身造成不可挽救的伤害
3	参照标准	具有一定伸缩性的行业规范，在一定范围内行业成员可以对照执行，当然违背这类标准条款对行业和自身造成的伤害并不致命也能方便地挽救
4	最低标准	通常是行业进入的门槛，类似于一种身份确证的准则，如果达不到这样的标准，行业成员就有可能被踢出本行业，被踢出者也就根本没有机会再进入该行业

三、行会的监管功能

监管，指的是监测、监视、监理和管理、管辖、管制。它的优点是：技术方面的管理更加专业、更加成熟；政府可实现精兵简政的目标，可以有效控制人员编制；可提高监管的力度和深度，发挥民间力量，也可避免政府权力集中后滋生的腐败。

行会对行业具有监管的功能，这也是行会作为设计管理者的第二个主要原因。政府对行业的监管更多情况下依据的是法权和行政权，而从技术上控制和监测设计企业和设计产品的任务通常不得不由行会来执行，尽管在中国对设计技术进行监管的目前主要仍然是政府职能部门，但从世界大趋势来说，未来设计技术的监管必然走向民间化、行会化。

欧美国家都很善于利用民间力量来对设计企业进行监管，政府权力下放民间，甚至将产品通过标识的监测下移给民间机构，充分体现了在设计管理中政策的民主性、公开性。

行会的监管功能和标准认证常常成为一国或一地区的统一标准，跨国或跨地区的标准完全统一化尚有难度，尽管各国曾有对某一产品使用统一标准的设想，但有些可以做到，有些还很难做到。因为各国政治体制、意识形态、价值体系、自然环境、经济发展等还存在极大的差距，在产品标准上有先有后、有高有低纯属正常。如欧洲汽车尾气排放标准有欧Ⅰ、欧Ⅱ、欧Ⅲ、欧Ⅳ、欧Ⅴ、欧Ⅵ等，甚至当欧洲汽车尾气排放标准正往欧Ⅵ提升时，中国国内还在使用欧Ⅲ或欧Ⅳ标准。

发达国家对工业生产污染的监管和控制力度普遍高于发展中国家数倍，其监管的标准比发展中国家先进数十年甚至上百年，而作为世界工厂、世界污染企业集中地，发展中国家是不可能享受到同样先进和超前的环境、健康福利的，发展中国家为了发展本国的经济、为了支持发达国家生产和生活所需，其在资源开采、能源消耗、环境污染、生态破坏监管方面得到了全球的谅解和允许；又如欧洲人和亚洲人体型先天性的巨大差别也导致了欧版服饰和亚洲服装在设计指标、裁剪板式、缝制工艺上存在巨大差别。

同类设计产品行业标准全球范围内多元并存的局面在所难免。但无论怎么说，行会的监管功能要因地制宜、根据行业情况具体实施，作为政府设计管理有力的助手，行会的监管功能将凸显出越来越重要的地位。

第三节　企业管理者

什么叫企业？通常被理解成企业是社会的经济营利组织，即主要依靠经济手段参与市场竞争并从中获利的组织，民间的企业便是国家微观经济运行的主体和宏观经济政策调控的主要对象。设计企业便是设计市场上的主体。设计与管理，这是现代经济生活中使用频率很高的两个词，都是企业经营战略的重要组成部分之一。

一、企业的性质

从管理层级和管理动作上来说，设计企业就是设计的微观管理者，政府指明方向和制定政策、行会制定标准和跟踪监管、而企业才是具体的操作者和执行者。

设计企业的一切管理活动都是围绕盈利而为的，哪怕是老字号企业，不适应当下市场竞争，无经济利润可图，也会分崩离析。企业是营利机构，无论是传统经营管理时代，还是企业文化兴盛时代、品牌战略火热时代，剥夺企业的盈利环节，它就只能转变为社会慈善机构了。

当然，到了盈利花不完的地步，企业总会考虑上市，上市之后的企业其资产往往可以翻好几番，一旦到了这一步，企业就可能成为龙头老大，随后的发展道路可以一下子拓宽许多，业务拆分并以集团化的身份从事可能性行业的拓展便成为必然。

再随后，大企业往往很注重自身的文化和品牌的延伸与巩固，文化战略、品牌效应至此才爆发出实存性的价值。中小企业通常受制于资金的供给、受制于市场盈利的瓶颈，大企业却可以获取更多的人气和发展资金。当设计企业发展到很大，当设计企业在同行中声名鹊起之后，如果没有进一步投资的方向或更具诱惑力的设计项目，企业往往就会考虑依赖手中的资金搞些企业文化、搞些慈善事业。具体要分析企业这样的心态和管理模式的进展并不是容易的事情，在企业大型化、高端化之后，进一步的发展就涉及社会道德、人类道义层面的哲学问责了。

总之，企业的使命便是盈利，做公益、做慈善、做企业文化、做品牌的本质仍然是吸引眼球、博取支持、获得民心，得民心者得天下，这同样是商道之理。企业和产品品牌在社会中的良好印象可以为企业和产品赢得更高的得分，得分能换取品牌的持续力、生命力，这一条对于真正高明的设计企业家来说是隐形的金科玉律。

二、企业服务精神

企业从不避讳谈盈利，在商言商。但很多企业主忌讳谈服务，一谈到服务似乎就预示着要干折本、赔钱的买卖。

企业作为服务组织，其服务对象有如下四个：政府、社会、同行、消费者。

1. 政府

靠税收支撑的公务机构，税收的大头就来自企业，换句话说，企业是最为重要的纳税人。

2. 社会

企业对社会的服务也是功力巨大的，社会的经济财富、社会的精神风貌、社会的就业状况、社会的局势稳定、社会的文明程度等，都有绝大部分的功劳必须归于企业。如设计企业对城市的规划和高楼的设计、设计企业推出的精美而优良的生活日用产品、设计企业对人类生态自然景观和生活环境的改造和完善、设计企业对广告以及各类视觉传达艺术精益求精的追求，毫无疑问都丰富了人们的生活，强化了社会的视觉效果，改善了人居环境和人居空间。最根本是加强了社会的稳定，促进了社会资源和社会财富更为有利、更为合理的分配，加强了社会组织部类、社会人与人之间的合作精神和合作实践水平。

3. 同行

龙头企业往往成为行业标准、成为中小型企业学习的榜样。在汽车设计和生产行业，老牌汽车设计公司的设计实力比新兴汽车公司的设计实力要强，积累的经验要多，这种品牌效应产生的带头作用往往成为同行临摹和看齐的对象。

4. 消费者

企业要将自己当成服务者，为消费者提供及时等量的服务，而不是仅仅当成商品销售者。消费者是一切企业最为关注的对象，尽管两者是通过货币和商品的交换关系维系在一起，但是要想满足企业长期盈利目的，企业要精益求精地研究消费者的需求。

服务于政府和社会是企业的义务和职责，政府有权依法勒令企业关门，当然也可以在适当时候依法支持企业开张。企业对消费者的服务性缺乏类似确定的监督机制，所以企业主、企业家应当把对消费者的服务当成一个深度而永恒的课题，需要对处于弱势地位、不了解商品的消费者作出自觉的承诺并兑现。

三、企业的改良精神

企业还是社会的改良组织，从改良自身开始改良社会设计技术、改良社会生产水平、改良社会组织形态、改良社会管理模式。改良实际上就是促进、推

图3-19　吉利商标　　　　　　　　　　　　　图3-20　沃尔沃商标

动、发展、提升，但绝不是一下子惊天动地的革命和改天换地的毁灭与重建。改良强调对前有基础和原有形态逐步的、匀速的、深入的调整、整改和改造，是一种继承和创新关系的平衡协调、持续推进。

　　企业作为微观管理者不仅要考虑组织的市场盈利、社会服务，同样需要关注和加强自身对社会、对环境、对市场、对消费的改良功能。

　　例如，吉利收购沃尔沃就是一个典型的企业改良案例（图3-19、图3-20）

　　首先，吉利最开始提出的战略转型，将核心竞争力从成本优势重新定位为技术优势和品质服务，提升吉利的企业形象。而沃尔沃的最大的特点就是安全性和环保，设计和品质都是欧洲一流的高端老牌车型，这正是吉利所需要的。

　　其次，沃尔沃被福特收购后销售额一直下滑，2008年经济危机使沃尔沃雪上加霜，沃尔沃想要走出困境，选择吉利无疑是最明智之举。

　　吉利通过收购沃尔沃，实现了自身利益的最大化，成功走上国际化道路，形成了更全面的销售体系，而吉利总裁李书福的情商管理理念，对沃尔沃的管理实行不裁员不搬迁的政策，也是成功的不可缺少元素。

　　1. 设计企业的改良功能体现在两个层面

　　（1）企业自身的核心改良　企业设计技术的开拓、生产关系的改进、产品制作的提升、品牌经营的完整扩展是企业从事改良的入手点，自身强则盈利力增强、服务力增强，而这一切靠的是改良思维。

　　（2）企业的外围延伸改良　企业核心改良带动了社会改良，促进了市场公义、商业道义、人心正义的改良，这一切可以称为企业的外围延伸改良。因为企业的发展、品牌的展示、产品和服务的完善可以让人类体验到进取的力量、生活的美好、诚信道德的高尚、商业生产带来的强大的社会福利功效。

　　2. 设计企业能从三个角度体现社会改良功能

　　（1）视觉改良　产品改良能给我们带来更加美好的视觉享受，包装设计、环境设计、广告设计、建筑设计、生活日用品设计、电器和电子产品设计、服装设计、书籍装帧设计等都可以在外形外观上呈现出人类的创意和创造性，丰富的色彩、多样化的造型、千变万化的体量、新颖奇特的结构，都能给人耳目一新的感觉，改善与促进了人类的体验和生活形态。

（2）功能改良　产品的视觉享受是设计的表面形式，产品更进一步的改良来自于产品功能的完善。如手机最初是模拟信号，后来是模拟数字信号，再到今天的全网通，手机的功能越来越强大；手机经历了从按键输入—手写笔输入—手指触摸输入—语音输入的过程，让人们体会到了产品设计技术在功能上的重大突破和更美好的想象（图3-21、图3-22）。产品的功能不仅限于硬件技术的突破，更应当包含技术带给人类身心的启发和享受，还包含产品在人体工程技术拓展上所做的种种努力和尝试。产品的使用功能是硬件基础，产品的人体契合功能是软性指标，是人类从自然本性出发对设计产品提出的必然要求。

（3）精神改良　精神改良对于产品设计来说往往更为隐蔽，是更为深度的改良，同时也是对社会作出的最大的贡献。真正的老牌企业、名牌企业，革命性之所以受人尊崇和敬仰，就在于这些企业对社会形成的影响力是深刻而巨大的，它们作为行业的标杆往往具有市场运营模式的倡导功能、市场道德和商业正义的带头功能与示范功能。

一个好的企业、一个德商双馨的企业家能对同行形成强大的正面教育力，而一个丧失诚信、过度垄断、唯利是图的龙头企业同样也会对同行造成不小的负面影响。市场经济是人类文明的一种形式，要求有相应的社会经济体制和经济运营模式以及经济道德作为基础。

社会主义市场经济的发展同时也包含社会主义经济道德上的自律，它要求人们学会自觉地履行自己应尽的责任和义务，同时要求我国的市场制造者、指挥者、运营者、监督者"摸着石头过河"。今天的市场经济诚信已经成为社会的公害，电视导购、网络营销、房产开发、证券市场、食品危机、权钱交易中的种种恶劣事件如瘟疫一般腐蚀着这个社会和时代，让人手足无措、信心动摇。商业对社会风气的影响无处不在，社会风气、社会道德的构建功能不是政府一力所能承担，同样，学校教育力量也是独木难撑，企业才是更为广泛而实存的社会风气、社会道德建设的参与者和贯彻者。

设计企业作为独立的微观管理者，需要从盈利、服务、改良三个层面上要求自己、完善自己，最好是盈利、服务、改良三步同时并举、三面同时推进，这样才能保证自己从管理理念和管理方法上高屋建瓴、深度收获。

图3-21　按键式手机　　　　图3-22　智能手机

– 补充要点 –

管理三要素

美国PMI定义了项目管理的9大职能，其中有3个方面分别是项目时间管理、项目成本管理与项目质量管理，这三个要素也被称为项目管理三要素，其在很大程度上决定了一个项目的成功。

（1）质量　是项目成功的必需与保证，质量管理包含质量计划、质量保证与质量控制。

（2）时间管理　是保证项目能够按期完成所需的过程，主要是指合理分配工作量，利用进度安排的有效分析方法来严密监控项目的进展情况，以使项目的进度不被拖延。

（3）成本管理　是保证项目在批准的预算范围内完成的过程，包括资源计划的编制、成本估算、成本预算与成本控制。

政府设计管理无论是在国外还是国内，都是最主要、最早的一种设计方式，尤其在地区全面发展的规划性行为中，政府的功能尤为重要，当然这种重要性主要体现在政府的组织力上。

政府可以通过委托、聘请、合作、代理甚至买卖、行政命令等手段调动和组织各类设计资源、设计人员和设计单位、设计力量参与社会的设计事业，这种对各种力量和资源的调动和激活就是组织行为的基本做法。凡是政府的大型项目、政府规划的大型工程，通常社会的各类设计组织和设计力量都比较感兴趣。

课后练习

1. 本章节中主要体现了哪几种设计管理者？

2. 政府的主要职能有哪些？

3. 政府对设计师的管理作用体现在哪些方面？

4. 行会的本质是什么？

5. 行会在设计管理中扮演什么角色？

6. 企业与行业作为管理者有哪些优点和缺点？

7. 企业的服务精神是什么？

8. 企业的服务对象有哪些群体？

9. 政府、行会与企业三者之间有什么联系？

10. 以小组为原型，讨论政府、行会、企业对设计管理的作用是什么？

第四章
设计管理学的
形式

学习难度：★★★★☆
重点概念：设计管理方式、管理
　　　　　的应用

PPT 课件，
请用计算机阅读

◄ **章节导读**

　　设计管理除了设计管理者、设计管理对象两大要素以外，还存在第三大要素，那就是设计管理手段，一旦这三大要素都具备，那么管理活动也就基本成立并能开始运营起来。

　　"没有规矩不成方圆"这句话从古流传至今，而一个没有设计、没有管理概念的任何人和企业都将在无法发展壮大，最终将会消失在历史的横流中（图4-1）。

图4-1　商业设计形式

第一节　行政规范管理方式

　　法制的手段就在于它的公信力和公权力，哪怕是君权利益的体现，也是因为全民公认了君王至上的地位和威信才甘愿接受君王法制的。今天，中国的法制应该是全民利益不容侵犯的具体表现，全民平等，这是中国法制应当保持的核心价值（图4-2）。

一、法制的定义

　　"法制"我国古代已有之，在现代，人们对于法

图4-2　法制宣传

制概念的理解和使用是不一样的。其一，狭义的法制，认为法制即法律制度。详细来说，是指掌握政权的社会集团按照自己的意志、通过国家政权建立起来的法律和制度。其二，广义的法制，是指一切社会关系的参加者严格地、平等地执行和遵守法律，依法办事的原则和制度。其三，法制是一个多层次的概念，它不仅包括法律制度，而且包括法律实施和法律监督等一系列活动过程。

法制是法律和制度的总称，无论在奴隶社会、封建社会、资本主义社会还是社会主义社会，法制都是统治阶级管理国家事务的方式手段。

法制的基本定义：

1）指明文颁布的法律和制度，即成文法。

2）指法制的制定、监控与执行活动，即立法、执法、司法、守法以及对法律实施的监督、宣传教育与严格处理违法行为的做法。

3）指"依法办事"的原则，即指"有法可依、有法必依、执法必严、违法必究"。

围绕设计方面的专业性核心法也颇为全面，也就是说核心法就是为了规范和指导设计活动而修订的法律法规。

法律法规的制定非一般社会机构所能进行，通常由立法部门如全国人民代表大会、全国人民代表大会常务委员会、国务院及国务院各部门、地方政府、地方人民代表大会、地方人民代表大会常务委员会进行，国家性、地区性的法律和制度皆应当由上述部门、机构来制定，而行业性管理机构、企业只能制定本行业、本企业的工作制度，不能冠之为法律。

法制的根本要义是一切的设计行为都要有法可依，有法可依才能违法可究，而这些都必须建立在执法必严、执法公平基础之上才行。法制千万不能成为形同虚设的花瓶，它是政府、社会职能部门对设计师、设计机构、设计活动进行高水平、高质量管理的重要手段和参照系，从基础法、进位法到核心法，实际上对设计师、设计机构、设计活动形成了三位一体的收缩性管理，这样的管理尽管是相当宏观的管理体系，但实际上也让设计行业管理、设计企业管理、设计项目管理、设计创意管理有了自身的管理方向、管理目标和管理准则。任何一个设计行业、设计企业、设计项目组在对具体的设计行为、设计活动进行游戏规则和内部章程、工作制度的制定时都不能逾越国家或上位职能部门基础法、进位法和核心法的范围。只有在三位法限制内的章程和条款才是有效，也才是应当得到理解和支持的。

二、行政管理方式

行政手段是政府、管理职能部门常用的管理方式手段。行政手段分狭义和广义两种。

狭义上来说，行政手段主要指的是政府行政机构如国务院、国务院下属行政职能部门、地方政府、地方行政职能部门等常用的管理手段和管理模式，行政命令、指示、规定、制度、决议、组织纪律等是行政手段的主要内容，而管理对象包含下属机构或部门、社会生活、市场经济活动、社会组织、民众意识形态、环境改造、各类建设活动等。

广义上来说，行政手段除了政府行政机构的管理手段外，也包含社会各类组织包括企业中的行政管理手段，如企业高层管理者对中层管理者的行政命令、行政指挥，企业中层管理者对基层管理者的行政命令、行政指挥，企业管理者对员工的行政命令、行政指挥等。

行政手段的特点：一般具有法权性、强制性、垂直性、具象性、深刻性、封闭性、临时性。

而设计公司内部的行政管理将会用到更为广义的行政手段，所有命名行政部的部门毫无疑问是公司内主管行政工作的职能部门，哪怕某些不以行政部命名的部门所从事的工作也属于行政工作，自然行政手段是它们管理设计师、设计人员、设计工作、设计项目、设计活动最主要的方式手段。

当然，行政手段也有很大的局限性，特别对于设计师在设计创意生发和运用的过程中，行政手段通常来说危害可能大于利好。因为行政手段常常是依据职位、权力而运行的，即上级对下属的命令，所以长官的主观性、经验性、强制性可能会导致行政命令有失偏颇、有违规律、有损公正公平，也可能会严重挫伤设计师的主观能动性、开拓性和创造性。

行政手段一定要配套法制手段、民主管理手段才能如虎添翼，只有克服了行政手段的不足之处，才能真正凸显行政手段的一系列优点，为设计管理赢得最好的管理效果、最佳的管理效率。

－ 补充要点 －

设计行业法律法规

设计师在设计的过程中，首先要有知识产权的概念，知识产权是设计师通过智力劳动产生成果的所有权，著作权也就是我们常说的版权，保证设计工作人员的设计成果不受侵犯。同时也要熟悉《著作权法》《广告法》与《合同法》，在设计的整个过程直到结束，这些权法与设计师、设计产品都是紧密相连的。

1.《著作权法》

著作权内容是指由著作权法所确认和保护的、由作者或其他著作权人所享有的权利。著作人身权，是作者基于作品依法享有的以人身利益为内容的权利，是与著作财产权相对应的人身权。民法中一般的人身权多以民事主体的生命存续为前提，每个人无差别地享有。著作人身权则以创作出文学艺术作品前提而产生，也不因创作者生命终结而消失。

2.《广告法》

中国的广告法是一个非常宽泛的概念，1994年10月27日通过的《广告法》是我国广告法领域中的基本法律。在广告法颁布后，1987年10月26日颁布的《广告管理条例》也仍在实施。在法律和行政法规的引导下，国家工商行政管理局还颁布了众多的部门规章和行政解释。它们构成了我国广告法的专门法律体系。但是，这并不是广告法的全部，我国《民法通则》、《合同法》都是广告法的重要渊源。所以，了解广告法必须对广告法在我国整个法律体系中的地位有清晰的了解，必须认清各类广告法规之间的关系，只有这样才能更好地解决现实生活中的广告法律纠纷。

3.《合同法》

市场经济既是法制经济，也是信用经济。在市场经济条件下，商品的交换过程是通过缔结与履行合同的方式来进行的。合同是双方当事人明确双方的权利与义务关系的协议。合同一旦依法成立就具有法律约束力。合同是社会经济中最基本的法律关系。一般来说，合同的内容基本包括以下几个方面：委托设计的项目名称、委托的设计内容与时间期限、设计作业方式、双方的权利与义务、合同费用及支付方式、保密守则、设计版权的归属与发表、违约责任、争议的解决与相关附件和附则。

第二节 行业特征与经济方式

图4-3 中国建筑装饰设计行业logo

设计管理还有很重要的手段就是行业手段。设计性行业协会是很多的,如环艺行业协会、广告行业协会、包装行业协会、工业设计协会、园林景观规划设计行业协会、建筑设计行业协会、工程勘察设计行业协会、设计师协会、雕塑(家)协会、商业美术设计行业协会、半导体行业协会、城市形象设计行业协会、室内装饰设计行业协会、集成电路设计行业协会、服装设计行业协会等(图4-3)。

一、行业方式

设计行业协会是一种比较松散的设计行业管理组织,除了常设委员会和常任委员、秘书可能是一种稳固的办事机构,协会的会长、副会长、常任理事可能都是通过行业成员单位推选产生的,当然也有政府委派干部任会长的做法。尽管松散,但设计行业协会对设计行业的发展起着承上启下、至关重要的作用。

从本质上来看,设计行业协会的行业管理就像一个协调机制,管理活动中的协调机制有一项就是委员会和会议,所以行业协会常常就是使用会议召开的方式下达任务和宣布决策以及设计运行规范。

设计行业协会的内容:

1)设计行业协会就是在设计"不同的组织和职能之间达成广泛共识"。

2)设计行业协会就是需要"处理更加复杂、更大数量的问题",而且是许多协会成员的公共问题、同类问题。

3)设计行业协会的管理模式就是将方方面面不同类的人员"就其特长、知识和观点集思广益"。

4)设计行业协会就是要"从不同的职能和单位中将一系列技巧和经验集中起来,以处理争议、政策或者困难"。

5)设计行业协会的管理工作不可避免地要在"合作的、跨职能或者多学科的基础上完成"。

设计行业协会的存在减轻了政府对设计事业、设计产业管理的负担和成本,也凝聚了地区设计组织、设计企业的向心力、合作力以及共享力,实在算得上是社会自我管理值得发扬和推广的模式。

二、经济方式

经济手段是国民生活、市场经济、产业发展、社会管理过程中最为常用的调控手段。宏观上来说，经济手段是通过具体的宏观经济政策来实施的，政府是宏观经济政策的制定者，而社会各类组织机构包括设计事业、设计产业机构是国家宏观经济政策的践行者。

1. 财政支持

政府的财政拨款很难从政府直接传输到具体企业与运营者手中，地方职能部门如环境保护局、行业协会与环境整治保护协会、企业共同体如大型企业同盟组织或大型企业联合组织等，就成了中转财政拨款的重要桥梁，这些中间层面了解基层状况、熟悉各基层企业的实际情况，起到财政拨款二度分配、细化分配、合理分配的职能。国家应该对在控制环境污染上作出努力并取得显著成效的单位和企业给予财政补助，还应该对在烟尘控制、污水处理、下水道工程、绿化种植等方面作出突出贡献和重要成绩的行为及时给予财政奖励，这种补助和奖励应当交由社会中间管理层来进行并做好向政府反馈汇报的工作（图4-4～图4-7）。

2. 贷款优惠

贷款优惠和税收优惠一样，其实都属于国家或地方政府间接资助企业或社会机构对环境保护工作所作出的努力以及对环境保护工程、环境保护设施建设的赞助，而财政拨款是一种直接资助。许多环境净化设施、环境净化工程投入不菲，建设成本高、利益回收慢、还款周期长。政府相关部门出面协调，以低息贷款、贷款偿还期加长、贷款担保条件降低等政策来将款项尽快地贷给环境保护企业、环境保护机构，从而支持国家或地方环保水平和技术的提升与进步。

图4-4 烟尘净化

图4-5 大型污水处理工程

图4-6　下水道工程

图4-7　城市绿化种植

3. 管理收费

对排污企业应当加大收费力度，政府需要收取社会管理成本费、社会清洁整治费，行业协会同样需要收取环境保护费、环境整治费、区域环境管理费，对于积极主动参与环境保护并自发修建排污设施、研发使用排污净化装置的企业同样需要一定数额的押金，押金属于一种罚款预留金，对企业排污结果进行考核和检测之后押金全部或部分退还。惟有对传统工业、现代工业及各类企业的排污工作严加看管、管理到位，才能真正从源头上杜绝和控制环境污染和环境破坏

4. 排污权买卖

排污权是为了发展一些重要的、基础的、民生性的重工业或高科技工业，临时性地给予企业排放废物的权利，但这种权利通常情况下是作为商品由厂家参与竞买的，出价最高者才能从政府手中获得排污权，出价低者通常只能选择授受其他罚款方式或直接退出该生产行业。获得排污权的企业当然也可以将排污权进行有偿变更或有偿转卖。这里需要注意的是，并非竞购获得了排污权就可以肆无忌惮地排放污染物，环境监测部门、环境保护行业协会仍然可以进行跟踪监督和管理，如果对区域环境造成了重大的破坏甚至不可挽回的损失，那么不但要加罚，还应该勒令该企业关门整顿直至停产。

5. 排污收费

带有一定的经济惩罚性质，是对排污企业、排污

行为的一种限制性、约束性的管理手段。许多工业化生产机构或工厂在生产环节、流通环节或消费环节上具有污染物排放的情况，这种污染物的排放必然会对环境造成一定的伤害，而这种伤害转嫁给了社会并由社会其他成员来共同承担整治的成本。这种让社会成员为个体的污染行为埋单的做法显失公平，所以排污企业必须缴纳一定的费用来平衡和填补这种额外的社会成本。经济需要发展，市场需要深化，但社会群体利益、环境生态利益仍然是不容疏忽的重要方面，用环境的破坏来换取眼前的经济利益从长远看得不偿失、隐患重重。我们允许并鼓励现代工业、现代企业的发展，但不得不对排污行为从严收费，如果生态环境被毁灭，那么皮之不存，毛将焉附？当然，可以根据污染程度实行收费额度的变通，总之催生企业关注环境保护，参与环境保护，树立科学、系统、全局的发展观是根本目的（图4-8、图4-9）。

6. 税收优惠

税收通常是由地方税务部门来征收，但在环境生态保护方面单独由税务部门来征税是有一定难度的，如污染产品的污染度、污染工程的污染度、工业化生产污染度的确定，税务部门是很难把握和了解的，借助环境保护行业协会的专业手段、专业知识来辅助监测必不可少。同样，对于在污染控制、环境防范保护建设成效方面的测定也必须由环境监测机构来做专业的检测，然后税务部门根据检测的数据才能确定减税、免税的额度。对于一些边远、封闭地区、作业难

图4-8　污水排放

图4-9　污水处理

度和专业化程度极高的环境保护行业，地方税收甚至可以委托社会外派机构、环境保护和监测专业机构代为收缴或者进行税收优惠政策的实施。

　　中观层面设计管理的经济手段可以由政府职能部门或委托机构全权执行，当然也需要设计行业协会、有关社会管理机构参与执行，还可以由政府职能部门的外派机构、自设专业监测机构进行。

　　从微观上来看，设计企业是设计管理的主要执行者，对于企业内外部的设计管理也常常使用到经济手段。设计企业运用各种经济手段主要在于处理企业、部门与劳动者个人三者之间利益的调配和平衡，根本目的在于调动三方面的工作积极性、创造性和实效性。

尽管经济管理手段显得功利而现实，但其管理效用却更为直接、更为有效。简单而有效正是经济管理手段的主要特征。但我们需要谨防一件事，无论是政府对社会部类的经济管理，还是行业协会对行业成员的经济管理，还是企业内部相关部门或负责人对员工

的经济管理，中间必定涉及大笔的金钱，如何既防止经济管理者不产生金钱的贪污、挪用和其他腐败，又保证被奖者或被罚者的奖罚分明、公平是一个值得探讨的问题。

第三节　教育培训方式

设计管理手段中还有一项很重要的手段便是教育手段。教育是基本国策，对一国一民族的发展作用之大不可估量，所谓十年树木，百年树人，丧失教育，人的成长和发展一定会很不健全。一国之教育直接关系到国民的观念和理性思维能力，创新的理念来自于惯常的认知和思考方式，一个放养的民族只会遵循和信服生活习惯与经验判断，那么因循守旧就成为必然，教育是一个民族的希望、是一个国家的未来（图4-10）。

教育不仅是基本国策，同样是人类实践成果与理论成果传承延续并治世明道的主要手段。在人类处于蒙昧时期以及早期教育尚不完善的时候，师徒之间的传授继承方式是设计和造物主要的教化方式，即使在今天教育仍然处于争论、探究、摸索的情况下，手工

艺、工业生产、建筑建造、服装设计、艺术设计等方面还都大量存在师徒传授制。师带徒的形式相当强调言传身教的技艺传承。师带徒的传授制主要是针对技艺传承而言的，对于技艺之外的教养训练，师父往往显得力不从心。设计技艺的师徒传承不是难事，只要师父尽心、徒弟用心，技艺传承很容易做到，但这种教育形式具有相当大的局限性，即难以规模化、制度化，也难以让徒弟在技术上有太多的突破和创新（图4-11～图4-14）。

管理技能和管理知识的教育更不能仅凭经验而为之，一个管理者需要辨天识地、知古晓今、通情达理、文质兼备，且要知己知彼，眼界越宽，心胸越广、学识越丰、才干越深的管理者便越有可能称职。

图4-10　教育

图4-11　手工艺品

图4-12　机器生产

图4-13　建筑建造

图4-14　服装设计

要培育出一个像模像样的管理者,非全面立体的教育不可。同样,要管好一个被管理者,理论加实践的持续纠偏教化必不可少。

设计教育在高校或职校中还体现为理论教育跟不上,这是更令人担忧的问题。有些高校师资力量薄弱,学生在学习的过程中就比较吃力,学到的知识面比较浅,老师的授课也有限;配套教育跟不上主要体现在实践操作上,学校本身没有试验室实训基地和样板间。

我们不是缺能工巧匠,我们是缺创造美的设计师;我们不是缺设计工作者,我们是缺设计思维与设计教养。根本的原因就在于我们的设计教育过于功利、过于浮躁,从而流于表象,丧失了对生命、对心灵、对真理深切的爱和尊重。因为功利和浮躁,所以我们今日的设计也流于器、流于技,而忽视了道,忽视了修为与教养的提升和完善。

设计有其自身的规律,也是一项长期发展的事业,具有创造性、开拓性、超越性,不是一蹴而就的事,需要对造物史、创意史、生活观念史、人类精神史及人类创造心理、消费心理作系统深入的研究并不断对流行趋势作出规律性的判定和理论总结,在其基础上的设计教育、技艺教育才平稳均衡、深入骨髓。

第四节　先进科技管理方法

对于设计而言,科技的管理作用大致体现在三个方面:科技设计的核心功能、科技设计的辅助功能、科技设计的载体功能。

从核心功能上来说,科技的水平直接影响设计本身的发展。用科技来推动设计本身的发展就是科技对设计管理起到核心作用的主要表现,设计管理者要关注科技、利用科技、善于利用科技的新材料、新成果、新技术、新工艺直接改造和创新我们的设计行业、设计创意、设计技术和设计成果。这就是科技设计的核心功能（图4-15）。

科技设计的辅助功能表现在方方面面，它本身可能对传统设计不构成改变性的影响，或者只是一种处于设计之外的科技发展，却推动了设计物的新格局。

科技设计的载体功能指的是科技创造成为一种载体手段，所谓的载体手段就是成为传输设计信息、设计创意、设计方案、设计计划、设计图纸、设计产品的运载手段，科技本身就像盛放高档美酒的酒瓶，购买者真正享用的是其中的美酒，酒喝完，再美的酒瓶也成为仅供欣赏的摆设（图4-16、图4-17）。

具体的设计管理要懂得使用科技发明来充当管理手段，充分使用科技成果来设计和生产社会与人们需要的任何物品，发挥科技设计的核心功能；充分使用科技成果推动设计创意的开拓，充分使用科技成果来达到完善设计水平的目的，发挥科技设计的辅助功能；充分使用科技成果来服务设计创意、设计技术、设计方案、设计成果的展示和传播，从而实现科技设计的载体功能。

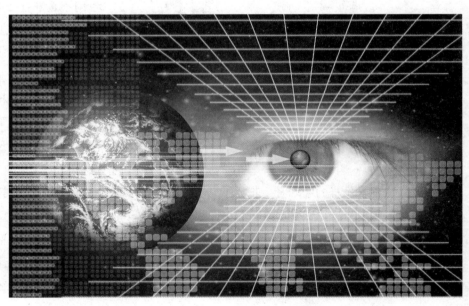

图4-15　科技创意设计

图4-16　高档红酒

图4-17　酒瓶摆设

第五节　契约合同管理方式

　　双方或多方合意签订具法律效力之契约的法律行为称为契约行为。契约行为是双方或多方当事人合意成立之法律行为，以双方或多方当事人之自由意思的表示为基础。

　　契约是一种象征，象征着公平、公正、公开、公信，是一种人性平等内涵的直观呈现，是一种万物平等思想的具体体现。契约手段就是一种签订合同、签订协约的管理手段，也是现代企业管理、现代商业管理最为重要的管理手段之一。

　　合法性、法律保护性是契约的第一特征，契约与其他协议的区别在于法院承认合约能够影响当事人之间的法律权利和义务，对契约后的权利和义务给予承认和支持。

　　自愿性强调契约的公平公正，如果双方或多方中的任何一方是在不自由、不自愿也就是说是在被逼状态下签约的，那么这种契约就是不合法的，也得不到法律的任何保护。问题是，契约生效之后的任何一方要想证明自己是在不自由状态下签约的，那么这个举证是有很大难度的，除非有录像、录音或多个第三方证明人，否则契约一旦生效，签约方就只能承担到底。

　　邀约是表意人所发出，就是发出的邀请。拿设计契约来说，设计委托人的招标行为就是一种邀约，在邀约过程中要提出自己对设计产品的具体要求、对设计过程的时间限定、对设计活动愿意支付的费用、对设计活动的付款方式、对设计产品的验收条款、对设计人的条件限定、对设计人违约行为的惩罚条款等。承诺则是针对邀约所为的肯定答复，承诺的内容必须和该邀约的内容完全一致。

　　契约只要条款完整、意思表示真实、内容合法、不违反社会公共道德，均是有效协议。契约精神本体上存在四个重要内容，即契约自由精神、契约平等精神、契约信守精神、契约救济精神，契约自由精神是契约精神的核心内容，也是西方社会中商业贸易活动的主流精神。

　　设计师与设计委托方在签署合约期间进行反复的谈话讨论是很有必要的，有利于双方需求的表达，对双方自身履行契约有一个清晰的认识。无论是大型的设计项目还是小型的设计项目，设计委托方和设计承诺方都应该通过设计契约规定自己的权利和义务，而且建议以书面合同、书面协约的方式得以明确，这是一种交换信任和交换责任最可靠的方式。

　　契约手段是一种刚性手段，尽管显得冷冰冰，但却具备更完美的约束效力，这种刚性手段理应成为今天设计管理的重要手段，它不防君子，但一定可以更有力地防备小人，订约者不用担心自己的薄情寡义或胆小怕事，这是一种对自己利益的保护，更是对合作方的尊重。

第六节　情感管理

情谊手段既像美酒，也像咖啡，既像辣椒酱，也像沙拉酱，既像一杯淡绿茶，又像一坛老陈醋，不是主食却是生活不可缺失的调味品，有时令人大呼过瘾，有时又让人回味无穷。情感和友谊往往也是设计管理的手段。运用情谊手段实施设计管理就是一种情感管理。

情谊手段是设计管理的柔性手段，在临时性团队或自由职业化的设计团队中，设计人员之间一般是熟识的人，新加入者往往也是由老队员介绍进来的，所以大家就像一个朋友圈，为了共同的目标和利益协作奋斗。

情谊手段作为一种软性或柔性的管理手段，情谊管理缺乏的是约束力，但却多了许多凝聚力和灵活力，这种凝聚力就是社会归属感、情感满足感、孤独恐惧感的体现。

情感管理不是要管理者低声下气、委曲求全、矫情做作，而是要求管理者情真意切、真心实意地为团队成员服务，动之以情、晓之以理、尊重队员、关心队员，照顾大家的感受，明白大家的追求、清楚大家的苦衷，将大家的个人发展与团队的事业目标相统一、相谐和，让大家在实现团队目标的同时赢得个人的成功和未来。

在维护大局稳定和大方向一致的情况下，设计管理者应当允许设计成员有一些小小的调皮、一些小小的梦想甚至幻想，队员之间一些可爱的恶作剧、一些轻松的玩笑事其实无伤大雅，用不着大加指责、横眉冷对。长期紧张的工作只会让人的精神失去活力，同样也会让人的灵感失去弹性，还有可能让人的生命失去光泽，要想让一个团队长期保持旺盛的战斗力，设计管理者就一定要有调节气氛、改变节奏、舒缓压力、激发灵性的意识和能力。

在节假日给员工放一天假自由活动，送上节日福利；在上班疲惫时奉上一首抒情的小曲，在办公室场所配上几盆绿植，缓解眼睛疲劳；在员工生日时送上暖心的祝福、一张生日祝福卡片、一份可口的蛋糕；周末约上队友一起聚餐，唱卡拉ＯＫ等，这些不但可以增强团队的凝聚力，还可以慢慢培养起一种团队精神和团队文化（图4-18～图4-21）。

设计管理者要有宽阔的胸怀、仁厚的品质，容得下团队成员的种种性格、种种偏好、营造团队家的温暖、创造团队情的源泉、建造团队爱的氛围，不怕队员之间相互爱死，最怕队员之间相互生恨，惟有爱才有理解和默契，惟有恨才有痛苦和内耗，团结才能携手奋发，内耗只会导致两败俱伤。

力者有疆，仁者无敌。懂得制度的管理者是力者，懂得情谊的管理者是仁者，狭隘者令人生畏，宽怀者令人生敬，让别人畏惧只能令畏惧者身服，让别人敬重才能令敬重者心正。情谊就像润滑剂，它绝不

图4-18　办公室盆栽

图4-19　生日卡片

是让制度缺斤少两，而是给制度增添光芒，它不会让团队成员消极懈怠，而是让团队成员奋发向上，它不会减弱管理者的威信，而会范正管理者的形象。

政府要想赢得公信力、行会要想赢得拥护力、企业要想赢得指挥力、团队要想赢得决胜力，除了完善的制度和合理的规则，身正为范的表率力、情感管理的和谐力是必不可少的基础，如能做到这一切，任何组织和团队都会获得辉煌的战绩和非凡的口碑。

图4-20　生日蛋糕

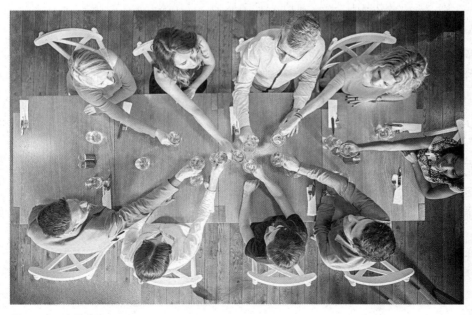

图4-21　小聚会

－ 补充要点 －

管理模式的多样化

1. 亲情化管理模式

通过家族血缘关系的内聚功能来实现对企业的管理。从历史上看，虽然一个企业在其创业的时期，这种亲情化的企业管理模式确实起到过良好的作用。但是，当企业发展到一定程度的时候，尤其是当企业发展成为大企业以后，这种亲情化的企业管理模式就很快会出现问题。因为这种管理模式中所使用的家族血缘关系中的内聚性功能，而转化成为内耗功能。

2. 友情化管理模式

这种管理模式也是在企业初创阶段有积极意义。在资金量较少的时候，为朋友两肋插刀的精神就能表现出来了，这种模式是很有内聚力量的。但是当企业发展到一定规模，尤其是企业利润增长到一定程度之后，朋友之间友情就淡化了，如果企业不尽快调整这种管理模式，那么就必然会导致企业很快衰落甚至破产。

3. 温情化管理模式

这种管理模式能够调动人性的内在作用，在企业中强调人情味的一面是对的，但是不能把强调人情味作为企业管理制度的最主要原则。人情味原则与企业管理原则是不同范畴的原则，因此，过度强调人情味，不仅不利于企业发展，而且企业最后往往都会失控，甚至还会破产。

4. 随机化管理模式

在现实中具体表现为两种形式：一种是民营企业中的独裁式管理。之所以把独裁式管理作为一种随机化管理，就是因为有些民营企业的创业者很独裁。他说了算，他随时可以任意改变任何规章制度，他的话就是原则和规则，因而这种管理属于随机性的管理。另外一种形式，就是发生在国有企业中的行政干预，即政府机构可以任意干预一个国有企业的经营活动，最后导致企业的管理非常的随意化。可见，这种管理模式要么是表现为民营企业中的独裁管理，要么是表现为国有企业体制中政府对企业的过度性行政干预。现在好多民营企业的垮台，就是因为这种随机化管理模式的推行而造成的必然结果。

5. 制度化管理模式

所谓制度化管理模式，就是指按照一定的已经确定的规则来推动企业管理。同时这种规则也是责权利对称的，因此，企业管理的目标模式是以制度化管理模式为基础，适当地吸收和利用其他几种管理模式的某些有用的因素。综合成一种带有混合性的企业管理模式。这样做可能会更好一点。这恐怕是中国这十几年来在企业管理模式的选择方面，大家所得出的共识性的结论。

6. 系统化管理模式

企业的系统化标准化统筹化的管理是通过完成企业组织机构战略愿景管理、工作责任分工、薪酬设计、绩效管理、招聘、全员培训、员工生涯规划等七大系统的建立来完成的。这样的好处是有利于企业的快速扩展，因为用这一套系统打造完一个企业管理的标准模版的时候，旗下的分公司或者代理商都能简单的复制，就这降低了扩展的难度，这就是企业组织系统最大可利用性。

课后练习

1. 设计管理的形式有哪些？

2. 法制的定义是什么？

3. 法制手段的管理主要体现在哪些方面？

4. 教育培训方式在教学上的优势表现有哪些？

5. 教育培训的意义是什么？

6. 合约签订需要哪些条件？

7. 科技管理的作用主要体现在哪些方面？

8. 情商管理的优势是什么？

9. 在这些管理方式中，你觉得最重要的是哪一种？并说说你的意见。

10. 结合实际，谈谈生活中常见的管理方式有哪些。它的特点是什么？

第五章
设计管理学实践方法

学习难度：★★★★★
重点概念：时间观念、实践方法、调研方法

PPT 课件：
请用计算机阅读

任何一个目标的寻找和确定都不是一个简单的过程，目标定得太高必然导致好高骛远、眼高手低，不但会拖累目标实行者，往往还会造成目标流产导致工作的失败；目标定得太低又体现不出目标的指导性和超前性，不但不能挖掘出人们的创造性和潜力，还有可能使人们满足于不饱和的工作量和工作强度，使人们失去进取心并造成更大的懈怠心。

所以在制定目标之前一定要做目标调研。调研越充分，目标制定就会越准确，目标越准确就越能充分调动目标实行者的创造力。

图5-1　空间设计

第一节　时间管理的含义

合理安排工作时间，有效的时间管理意味着合理安排各项工作。抓住"黄金时间"，每个人都有两种黄金时间。一种是内部黄金时间，是一个人精神最集中、工作最有效率的时候。内部黄金时间因人而异，在通过观察掌握了自己的内部黄金时间时，用这个时间段处理最为重要的工作；外部黄金时间是指跟其他人交往的最佳时间。这须遵循他人的日程，但可以利用这段时间充分表达自身的优势。不要把日程安排得太满，意外情况随时都有可能发生而占用时间，若日程太满就会穷于应付。因此，每天至少要为自己安排1小时的空闲时间，让工作和生活更加从容。学会运用时间。因为每个人的精力都是有限的，所谓有所为有所不为，把自己的精力和时间用在最能体现自己价值的方面。

一、时间管理的概念

时间管理就是用技巧、技术和工具帮助人们完成工作，实现目标。时间管理并不是要把所有事情做完，而是更有效地运用时间。时间管理的目的除了要决定该做些什么事情之外，另一个很重要的目的就是——决定什么事情不应该做。

时间管理不是完全的掌控，而是降低变动性。时间管理最重要的功能是通过事先的规划和长期的计划，作为一种提醒与指引。时间管理就是自我管理，自我管理即是改变习惯，让自己更有绩效，更具效能。把事情很快地做完，称为效率；把事情很快又很好的做完，称为效能。

时间就是资本，也是无法更新的收入，任何一个制定出来帮助高效率地安排时间的计划，都必须从对时间宝贵性的认识入手，管理好时间就能管理好工作。在进行有效的时间管理之前，必须充分理解时间管理的概念，从而学会掌控时间，合理安排自己的工作和生活，发挥时间的效力，提高工作绩效。

树立明确的时间管理目标。成功等于目标，时间管理的目的是在最短时间内实现更多想要实现的目标。人生旅途上，没有目标就如在黑暗中行走，不知该往何处。有目标才有方向，目标是前进的推动力，能够淋漓尽致地激发人的潜能，明确的目标对于构建成功人生至关重要。

依据世界卫生组织发布的2015年《世界卫生统计》报告来看，中国人的平均寿命男性是74岁，女性是77岁。人生只有2万多天。

我们的人生真的只有两万多天吗？中间还要除去生病、旅游、学习、结婚生子的时间。如此看来，人这一辈子可用于工作时间只有不到2万天了，要学会管理自己的时间，设计自己的人生（图5-2）。

二、时间管理的特性

"时光易逝，光阴一去不返"，为什么要感叹时间的流逝？因为在失去的时间里给自己 留下了太多的遗憾，太多能够完成却没有完成的学习或者工作，本来踮起脚尖就能成功而依然总想着还有明天。"明日复明日，明日何其多"没有一个完整的规划，你还会走得更远吗？制定时间管理的行动计划，哈罗德·孔茨说过：计划工作是一座桥梁，它把我们所处的此岸和我们要去的彼岸连接起来，以克服这一天堑。目标是计划的开始和归宿，设立正确的目标是成功计划的前提，计划是实现工作目标的支持系统，是描述使用可以运用的资源达到预先设定的工作目标的方法。

制定目标不是一件容易的事。一个有效的目标必须具备这些特性：

1. 具体性

有效目标不能太大而空泛，太大不易操作成功，太空泛影响实际操作，应具有阶段性和可操作性。为此，我们可以将大目标分解为一个个阶段性目标，

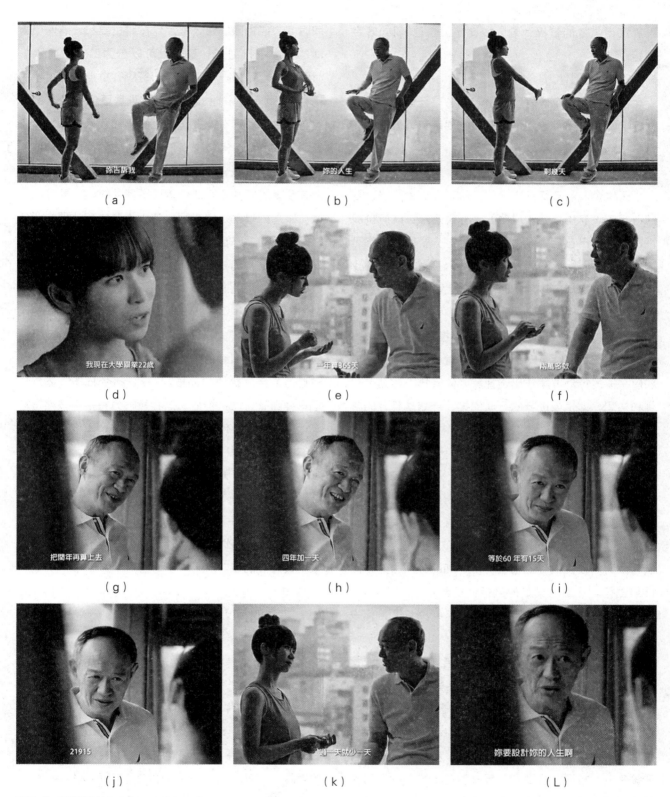

图5-2　时间设计

再制定出高效的日程计划，以此督促自己 朝向既定目标迈进。

2. 可衡量性

任何目标都应该有可以用来衡量该目标完成情况的标准，包括衡量阶段性成果的控制点和衡量最后绩效的指标。

3. 可行性

无法企及的目标只能是白日做梦，而太轻易达到的目标则没有挑战性。成功的目标设定应该既有挑战性，又不超出自己的能力所及，经过一番努力最终可以达成。

任何目标都应该考虑时间的限定。不但要确定最终目标的完成时间，还要设立多个小时间段上的"时间里程碑"，方便进行工作进度的监控。

首先，在实际行动之前，预先对应当追求的目标和应采取的行动方案作出选择和具体安排，计划是预测和构想，即预先进行的行动安排，计划是管理的首要智能。计划可被定义为"决定目标及如何达成目标的一个程序"，它含有三个特性，一是前瞻性的思考——思考及判断未来可能的状况；二是下决策——决定未来想要达成的状况，以达成期望的状况；三是完成目标的时间。对于时间管理而言，就是要针对设立的明确时间管理的核心目标，依次按重要性排列，然后依照所设立的目标写出一份详细的计划，并依照计划进行。然后将设定的目标进行分割，所谓分割，就是把目标细化为年度目标→季度目标→月度目标→周目标→日目标。

其次，事情要分清轻重缓急. 美国一位著名的管理学家认为：有效的时间管理主要是记录自己的时间，以认清时间耗在什么地方了，管理自己的时间，设法减少非生产性工作的时间，集中自己的时间，由零星而集中，成为连续性的时间段。将自己工作按轻重缓急分为重要、次要和一般三类，安排各项学习和工作时间和占用百分比；在学习和工作中记载实际耗用时间；每日计划时间安排与耗用时间对比，分析时间运用效率，重新调整自己的时间安排，更有效地工作。

著名管理学家科维提出了一个时间管理的理论，即时间"四象限"法，把工作按照重要和紧急两个不同的程序进行划分，基本上可以分为四个"象限"，时间管理理论的一个重要观念是应有重点地把主要的精力 和时间集中地放在处理那些重要但不紧急的学习与工作上。那么什么是重要的事和紧急的事呢？重要的事就是你个人觉得有价值且对你的使命，价值观及首要目标有意义的活动，来自内在的需求，对自己而言要事有时并不紧急但需要更多的时间，并且天天做；紧急的事就是你或别人认为需要立刻处理的紧急时间或活动，来自外界影响你的生活和工作次序。

最后，我们要形成有条有理的工作作风。今日事今日毕，今天能做完的事情绝不拖到明天早上，然而习惯拖延时间是很多人在时间管理中经常会落入的陷阱。"等会再做"、"明天再说"这种"明日复明日"的拖延循环会彻底粉碎制定好的全盘工作计划，并且对自信心产生极大的动摇。"今日事今日毕"体现的是一种强有力的执行力，这种执行力将指引按照自己设计好的轨道走向成功的彼岸。同时在工作安排上要与你的价值观相吻合，不可以互相矛盾。一定要确立个人的价值观，假如价值观不明确，就很难知道什么是最重要的，当价值观不明确，时间分配一定不好。时间管理的重点不在管理时间，而在于如何分配时间。人永远没有时间做每件事，但永远有时间做对你来说最重要的事。

三、时间管理的技巧

19世纪意大利经济学家帕累托提出80/20原则，其核心内容是生活中80％的结果几乎源于20％的活动。比如，是那20％的客户给你带来了80％的业绩，可能创造了80％的利润，世界上80％的财富是被20％的人掌握着，世界上80％的人只分享了20％的财富。因此，要把注意力放在20％的关键事情上。同时，领导人员工作效果中的80％，往往集中在20％的最重要的工作上，80/20原则就是抓住工作的80％的价值，集中在工作的20％的组成部分这一法则，运用"关键的事情占少数，次要的事情占多数"是一个普遍现象这一规律。时间管理是自我管理中重要的内容，大凡业绩卓越的人大都是具有高效时间管理的人，应用有效时间管理的方法和技巧，可以合理安排自己的工作与生活，最大程度地发挥时间的效力，提高工作绩效。

减少时间浪费，时间管理当中最有用的词是"不"，学会说"不"，有时拒绝是保障自己行使优先次序的最有效手段，勉强接受他人的请托而扰乱自己的安排，是不合理的。如果有的请托由他人承担可能比自己更合适，不妨向请托者提出适时的建议。量力而行地说"不"，对己对人都是一种负责。

首先，自己不能胜任委托的工作，不仅浪费时间，还会对自己的其他工作造成障碍。同时，无论是工作延误还是效果都无法达标，都会打乱委托人的时间安排，结果是"双输"。所以接到别人的委托，不要急于说"是"，而是分析一下自己能不能如期按质地完成工作；如果不能，具体与委托人协调一下，在必要时刻，要敢于说"不"。

其次，时间管理的另一个关键就是每天至少要有半小时到1小时的"不被干扰"时间；假如你能有一个小时完全不受任何人干扰，自己关在自己的房间里面，思考一些事情，或是做一些你认为最重要的事情，这一个小时时间并没有浪费。

管理者要很好地完成工作就必须善于利用自己的工作时间。工作是很多的，时间却是有限的。时间是最宝贵的财富。没有时间，计划再好，目标再高，能力再强，也是空的。时间是如此宝贵，但它又是最有伸缩性的——它可以一瞬即逝，也可以发挥最大的效力。对于生产和商业活动来说，就是潜在的资本。

在工业史上，经常有这样的事情：仅仅是一天之差，就可以导致一个企业的巨大成功和另一企业的倒闭破产。

第二节　如何开展设计项目的调研与分析

一、调研的目的

市场研究的目标是清晰地了解设计对象、客户自身的情况、客户的历史与品牌信息、行业状况以及竞争者与目标消费群体的概况，获取有效的信息。所有这些信息都会在设计概念生成阶段反馈到设计创作过程中，帮助生成能够满足客户需求的设计。

当面对客户的委托时，设计师的第一要务就是尽可能掌握全面的信息，准确而快速地发现设计问题，这部分工作就是项目的调研与分析，项目往往就是从以下这些问题开始的：

1）商业和组织背景是什么？

2）什么是亟待解决的问题？

3）需要达到什么目标？

4）谁是目标消费者？

5）需要通过设计传达什么？

6）设计师拥有什么样的工具和资源？

7）怎样确保策略的执行？

8）设计的投资回报（ROI）如何被衡量？

二、调研的种类

展开调研的方式有很多，从调研的类型上，可以将设计目标的调研分成比较型调研、群智型调研、实践型调研。

1. 比较型调研

比较型调研一定要选择同类、同级别的设计产品进行调研，甚至还应该找准自己的市场消费群，即针对自己感兴趣、能把控的市场进行自身设计能力、设计水平、设计目标的界定。

（1）内部调研　主要关注点就是自身人才队伍的状况。产品的外形设计或技术设计要想出类拔萃，靠的是卓越的设计团队和优秀的技术带头人。

（2）外部调研　包含外地区、外行业、外企业相关数据的搜集，当然还需要对目标市场作深入的调研，如针对市场走势、流行趋势、产品时尚点、产品市场结构、消费者的喜好、消费者审美取向、消费欲求、消费能力、消费者收入状况做比较系统的调研和数据整理以及分析。

2. 群智型调研

群智型调研着重点是"调研"二字，大家用各抒己见的形式表达本专业内的相关信息或数据，重在信息或数据的提供，不涉及具体的问题讨论，甚至对信息或数据的分析都是后一步的事情，摆事实——将事实的现状公开化、暴露化、展现化，对事实进一步分析之后才能讲道理。所以群智型调研就是摆事实的过程，不一定需要碰撞，碰撞是未来的事，过早下定论就必然会犯错。

群智型调研需要动用到外形设计智囊、材料供应智囊、市场需求智囊、财力支配智囊、核心技术智囊、行业信息智囊、政策智囊、对验智囊，这八大类智囊其实缺一不可，是牵一发而动全身的信息整体系统，惟有系统运行顺畅、群策群力才能保证公司在设计产品的开发上大获全胜。

3. 实践型调研

实践型调研与群智型调研大不相同，它注重在工作过程中有意识却未必有明确目标的一种信息收集与数据整理，将信息资料的收集与整理融入日常的工作过程和工作程序，看上去是漫不经心的一种工作流程，却在真正需要的时候大显身手、擒拈自如。

实践型调研由于及时、真实记录了日常的工作流程，真实记录了产品设计、研发的思路变化、管理效果和公司方针政策的执行情况，所以是一份具有原始性、延续性、全面性的调研材料，而且这种调研材料还能准确对设计团队、研发团队的精神状况、思想动态、工作氛围把脉。

对于设计公司可以将实践型调研常态化，即把信息资料档案库的建立工作常态化、模式化，成为日常设计管理的有机组成部分。

三、调研的功能

1. 整理功能

将原始、零散、琐碎的数据整理、归纳之后，便于阅读和认知。

2. 分析功能

信息资料的分析和比较，是进一步对工作进行深入破解的重要工具，基本就是工作指导的雏形文件。

3. 指导功能

为领导和管理层作决策、制订工作计划、确立工作目标、理清工作思路提供提示与启发，是领导和管理层进行管理的重要依据之一。

四、研究方法的类型

研究可以是定量的，也可以是定性的。定量研究侧重于用数字来描述与阐述以及揭示事件、现象与问题，比如对于目标用户群体的规模与构成相关的数据进行确凿的统计。而定性研究侧重于用语言文字来描述与阐述以及探索事件、现象与问题（表5-1）。

定量研究主要分为调查研究与实验研究两种类型。调查研究是通过对事物和现象的考察、了解与分析来认识其本质和规律，实验研究则是研究者按照研究目的，合理地控制或设定一定的条件，人为地影响研究对象，从而验证假设、探索其因果关系。

定量研究的流程一般分为以下6个步骤：

1）明确研究目标；

2）确定研究内容；

3）通过概率抽样的方式选择样本；

4）使用工具或程序采集数据；

5）数据分析、建立不同变量之间的关系；

6）检验研究者自己的理论假设。

通常为设计项目去开展大范围的定量研究的情况很少，调查问卷和小规模的实验研究是在设计项目中用得较多的定量研究方法。

表5-1 定量研究与定性研究的对比

比较维度	定性研究	定量研究
特征	采用洞察力或直觉	遵守形式、强调严谨、数学工具
使用场合	科学的方法不能产生所需的数据 常规的模型无用 时间压力不允许做定量研究	能够得到合适的数据 存在用科学方法商讨的问题 用于研究的时间充足
问题类型	探索型	有限探索型
样本规模	小	大
回答者提供的信息	多	多样化
管理	访问者需要有专门的技巧	对专门技巧要求较少
分析类型	主观的、解释性的	统计的、概括的
研究者的知识范畴	心理学、社会学、社会心理学、消费者行为学、营销学	统计学、决策模型、决策支持系统、营销学、计算机编程

定性研究与定量研究最大的区别在于：不用统计模型，不做回归分析，它是多种方法的集合，涉及各种经验资料的收集与应用。定性研究方法由访问、观察、案例研究等多种方法组成，研究资料根据来源可分为户外调查与开放式访谈。

人种学的研究重视第一手资料，虽然也会涉及定量的程序，但它被认为是定性研究的一部分。人种学研究收集资料的方法主要有观察法与访谈法，其中访谈的形式又分为结构式、非结构式以及两者的结合（表5-2）。

表5-2 定性研究方法

种族方法论	人种学
心理分析	参与观察
问卷调查	文化人类学
现象学	文件、经书、符号与叙述分析
结构解剖	案例研究
行动研究	档案分析
访问研究	内容分析
后实证主义研究	符号的相互作用分析

五、访谈的类型

1. 深度访谈

深度访谈是一种无结构的、直接的、一对一的访问形式。访问过程中，由掌握高级访谈技巧的调查员对调查对象进行深入的访问，用以揭示受访者对某一问题的潜在动机、态度和情感。这种方法最常应用于探测性调查，应用的范围包括：详细了解复杂行为、敏感话题或对企业高层、专家、政府官员进行访问。

电视上访谈节目一般都是采用这种方式，第一是比较能直接的、第一时间反映受访者的心理变化与态度，这种访谈都是带有目的性的提问，受访者的回答都是比较客观的。

2. 投射技法

投射技法指在通过一种无结构的、非直接的询问方式，激励被访者将他们所关心的潜在动机、态度和情感反映给研究员。投射法尽量避免直接询问研究主题，而以一种间接的方法来取得资料，例如：布偶游戏、图画解说、泼墨法或填写未完成的句子等。统计专家与心理学家已将PTM调查发展为以下四种解决方案。

（1）联想技法　在被调查者面前设置某一刺激物，然后了解其最初联想事物，最常用的为词语联想法。

（2）完成技法　给出一种不完全的刺激场景，由被调查者来完成，常用的有句子完成法和故事完成法。

（3）结构技法　最常用的是主题幻觉法（The Matic Apperception Test），让被访者看一些内容模糊、意义模棱两可的图画，然后要求其根据图画编一段故事并加以解释，通过被访者的解释，了解其性格、态度及潜在需求。

（4）表现技法　给被访者提供一种文字或形象化的情景，请他们将其他人的态度和情感与该情景联系起来，具体方法有角色扮演法和第三者技法。

3．小组座谈会

小组座谈会是近年来新发展的、用来进行定性研究的重要手段。相对前面几种方法，小组座谈具有更多的结构性，研究者扮演着主动的角色，促进座谈的深入。做法是选取一组（8～12人）具有代表性的消费者和客户，在一个装有单向镜或录音录像设备的房间里，在主持人的组织下，就某个专题进行讨论，从而获得消费者的消费需求、心理和行为等重要特征，为进一步的定量调查奠定基础。应用范围包括：消费者使用态度测试、产品测试、概念测试、媒体研究等。

一般公司的新品上市会采用这种方式，选取具有代表性的消费者和客户，在特定的环境下进行某个方

图5-3　产品促销

面的讨论，比如就产品的颜色，味道，形状等方面进行讨论，并实时关注受访者的心理变化与消费需求，从而得出产品的市场需求度（图5-3）。

4．专家意见法

专家意见法也称德尔菲法，是采用函询或现场深度访问的方式，反复征求专家意见，经过客观分析和多次征询，逐步使各种不同意见趋于一致。一般要通过几轮征询，才能达到目的（表5-3）。

表5-3　研究方法优缺点对比

研究方法	使用范围	特征	不足	优势
参与观察法	搜集较完整且具有深度的资料，通常用于探索性研究，如消费者行为调查	在自然情境下考察研究对象	样本量小、概括性差、对观察者素质要求高，调查设计要求高	资料客观、全面准确，能获取其他方法无法获得的资料
访谈法	搜集较完整且具有深度的资料，用于不宜使用问卷的场合	口头交谈深入了解相互作用	受访谈者素质影响、费时费力、数据难处理、样本量小、概括性差	深入、灵活、可靠、使用范围广，适于各种人群
投射技术	广告策划	对暧昧资料自由反映	对结果的解释较主观、信度低	获取真实想法、很少受社会期望和研究者意图影响
开放式问卷	获得较丰富的资料（如动机、形象等）、为量表问卷收集问题	提供问题	指导性低、深入性不够、结果不能进行量化分析	样本量较大、省时省力、短时间内收集大量资料、回答不受限制、较真实
案例分析法	主要用于对客户背景和竞争者状况的研究	深入分析	针对个别或少数案例、理论概括性差	全面、深入、可进行纵向研究

第三节　设计管理的实践

设计目标有没有达标、有没有实现预期的效果，这些都是需要检验的。设计目标的检验可以分为三种：自我检验、专家检验、市场检验。

一、自我检验

设计管理者和设计师在设计实施过程中不断自我把控，对工作流程不断进行检测和调整就是自我检验。

在自我检验模式中，自我检验的地位很突出，它将对设计项目全过程实施全程跟踪检验，并立即作出自我调节行为，将问题处理在步骤过程中，避免问题累积成疾后阻碍设计目标的实现。

自我检验工作是全员自省性的检查与督促管理。这是一种内检验模式，从内部自我检测、自我调整、自我实现目标的管理模式，这种解铃还须系铃人的管理是成熟的设计企业都应当具备的素质和能力，每一位管理者、设计师及员工都应该用一种自省性的状态和意识来完成自己既定的工作。显然，这种自我检验可超前检验，也可滞后检验，完全视设计工作、设计项目进程中的实际需要、实际表现而定。

如在项目实施之前，设计师应该反复思考设计项目的可行性与施工难度，确保设计方案与施工相连接，避免施工过程中因设计方案不合理产生失误。

二、专家检验

专家检验属于一种外力迫压性检验。目标检验小组非自己人，起码小组长或多数组员由外来专家组成，其检验的理念和态度会更加客观、更加真实，从而避免了自我检验中自我利益的保护以及各利益团队冲突所形成的检验失真现象。

在轮型设计目标检验模式中，专家检验小组不属于设计项目流程中的一环或一员，它呈辐射状地对项目执行过程进行任一环节上的检查与分析，除了寻找可能存在的问题或隐患，其实也是对目标执行过程的一种视察与测定，不仅是为了否定，同样也包含对项目组工作的肯定，而检验的数据将成为设计项目组获得奖惩的依据。

检验工作的一般流程如下：

1）邀请专家检验小组；

2）在邀约得到明确答复后，安排具体的检查时间和检查流程；

3）组织项目组长或项目经理的汇报工作，汇报内容包括项目的总体要求、项目的重大子目标与重大环节、项目计划的进度执行情况、项目中遇到的困惑与困难、子目标与分目标的完成情况、项目资金的用法与存量、技术攻关的状况、项目成员的心态与工作积极性、项目总目标预期的实现状态等；

4）根据汇报的内容，专家检验小组有针对性地列出参观和考察要求，如设计师的原态性参观、试验场地的参观考察、设计原始数据记录的抽检、工程施工现场的走访、设计团队的随访或抽访、原始财务账目的检查、设计图纸与设计档案的保管与抽检、设计成员的身心测试等；

5）专家检验数据的整理与分析；

6）目标执行困难形成的原因分析；

7）专家解决方案的商讨；

8）专家复核与复检计划的确定；

9）专家检验报告的撰写。

三、市场检验

与前两种检验比起来，市场检验绝对属于一种滞后性目标检验，因为它无法置前检验，也基本无法置中检验。

市场检验是最残酷的检验，它的定夺和判断将是最终的审判，如果市场在设计产品的脸上刺上"优"字或"劣"字，设计公司将永远无法洗刷掉这血淋淋的印记。

市场的检验手段便是对产品的使用和反馈，使用是正向推进和判定，反馈是逆向推导和审断（图5-4）。

前置检验的优点在于更深层次地理解和熟悉市场，避免自身的过于武断和过多地走弯路、减少许多不必要的浪费。前置检验的难点就在于消费者样本的选取不易操作，随机性的选择不具代表性，定向性的选择又不具客观性。

设计企业和设计师一定要尊重市场，以消费者为中心，只有在使用与消费的过程中，设计的价值才能充分的显现出来。

图5-4 经过市场检验的产品广告

－ 补充要点 －

时间"四象限"

由美国的管理学家科维提出的一个时间管理的理论，把工作按照重要和紧急两个不同的程度进行了划分，基本上可以分为四个"象限"：既紧急又重要（如客户投诉、即将到期的任务、财务危机等）、重要但不紧急（如建立人际关系、人员培训、制订防范措施等）、紧急但不重要（如电话铃声、不速之客、部门会议等）、既不紧急也不重要（如上网、闲谈、邮件、写博客等）。

按处理顺序划分：先是既紧急又重要的，接着是重要但不紧急的，再到紧急但不重要的，最后才是既不紧急也不重要的。"四象限"法的关键在于第二和第三类的顺序问题，必须非常小心区分。另外，也要注意划分好第一和第三类事，都是紧急的，分别就在于前者能带来价值，实现某种重要目标，而后者不能。

以下是四个象限的具体说明：

1. 重要又紧急的事

举例：诸如客户要求时间紧、必须准时完成、技术难度大、利润丰厚等。这是考验企业的能力、经验、判断力的时刻，也是对企业的考验。如果干不好，不仅受经济损失，而且影响企业声誉。

2. 重要但不紧急的事

做好事先的规划、准备与预防措施，很多急事将无从产生。这个领域的事情不会对我们造成催促压力，所以必须主动去做，这是发挥个人领导力的领域。这更是传统低效管理者与高效卓越管理者的重要区别标志，建议管理者要把80%的精力投入到该象限的工作，以使第一象限的"急"事无限变少，不再瞎"忙"。

3. 紧急但不重要的事

如电话、会议、突来访客都属于这一类。表面看似第一象限，因为迫切的呼声会让我们产生"这件事很重要"的错觉——实际上就算重要也是对别人而言。我们花很多时间在这个里面打转，自以为是在第一象限，其实不过是在满足别人的期望与标准。

4. 不紧急也不重要的事

如阅读令人上瘾的无聊小说、毫无内容的电视节目、办公室八卦聊天等。但我们往往在一、三象限来回奔走，忙得焦头烂额，不得不到第四象限去疗养一番再出发。这部分范围倒不见得都是休闲活动，因为真正有创造意义的休闲活动是很有价值的。然而像阅读令人上瘾的无聊小说、毫无内容的电视节目、办公室八卦等，这样的休息不但不是为了走更长的路，反而是对身心的毁损，刚开始时也许有滋有味，到后来你就会发现其实是很空虚的。

课后练习

1. 怎样合理地安排学习时间？

2. 时间管理的特征有哪些？

3. 管理时间最重要的是什么因素？

4. 时间管理的技巧有哪些？

5. 设计管理的实践有哪几种，主要特征是什么？

6. 开展调研的方法有哪几种？

7. 定性研究与定量研究最大的异同点是什么？

8. 时间四象限对我们的日常生活有什么帮助？

9. 用时间四象限的方式，将自己每天要做的事情做成表格呈现出来。

10. 设计、管理、实践与调研之间是一种什么关系？

第六章
著名管理案例分析

PPT 课件
请用计算机阅读

学习难度：★ ★ ★ ☆ ☆
重点概念：管理方式、设计理念、风险投资

≺ 章节导读

　　生活中无处不存在设计，产品的创新使我们的生活越来越美好，一个好的设计从构思到产品再到市场营销，都体现出了它在设计与管理上的经验。设计正在逐渐的改变我们的生活观念，丰富我们的生活，让我们一起看看我们身边的设计（图6-1）。

图6-1　花园别墅设计

第一节　通信行业

　　要说苹果产品的风靡，举个身边最明显的例子，课堂上每当下课铃声打响时，同学们动作一致的从口袋中取出手机，这其中至少有半数都是iPhone。还有当人们外出旅游拍照时，除了拿出数码相机，单反，还有很大一部分人拿出iPad。一行人对着平板电脑自拍或互拍也成了景区不可或缺的风景线。通过这些近在咫尺的例子我们可以发现苹果的确是一个很成

功的品牌。

　　苹果公司原称苹果电脑公司（Apple Computer, Inc.）总部位于美国加利福尼亚的丘珀蒂诺市，是硅谷的中心地带，核心业务是电子科技产品，目前全球电脑市场占有率为6.19%。苹果的AppleII于20世纪70年代助长了个人电脑革命，其后的Macintosh接力于20世纪80年代持续发展。

图6-2 苹果公司LOGO

图6-3 Apple-II型

图6-4 Macintosh电脑

图6-5 iPod数码音乐播放器

一、苹果公司的发展轨迹

苹果公司（Apple）由斯蒂夫·乔布斯、斯蒂夫·盖瑞·沃兹尼亚克和Ron Wayn在1976年4月1日创立。1975年春天，Apple I 由沃兹尼亚克设计，并被Byte的电脑商店购买了50台当时售价为666.66美元的Apple I ，1976年，完成了Apple II 的设计（图6-2）。

苹果电脑发迹于加州洛斯加尔托斯乔布斯的车库里，两个20多岁的少年乔布斯和沃兹尼亚克想要一台自己的电脑，却买不起Altair8080电脑，于是自己动手制作，这就是苹果电脑的雏形（Apple-I）。沃兹尼亚克是一个电脑天才，在他还小的时候他父亲便协助他设计了逻辑电路，从此激发了他对电脑的兴趣。沃兹尼亚克在惠普公司的工作时期经常利用业余时间自己制作电脑，乔布斯也经常去沃兹尼亚克制造电脑的地方参观，有一次，乔布斯觉得这种电脑可以进入市场，正是由于这种毫不经意的想法使两个肄业大学生成为世界电脑业的巨人。当他们制作的Apple I型在家用电脑俱乐部展示时引起了轰动，就这样开创了微电脑事业。

在美国风险投资的历史中，苹果公司较早的以自己巨大的成功预示了风险投资的不正常。苹果公司通过上市给投资人带来了丰厚的利润，是风险资本运作的完美典范。

公司的超常规发展使得组织结构出现了问题，他们意识到苹果公司要像商业计划书所要求的那样快速成长的话，就需要丰富的领导管理层，乔布斯和沃兹尼克深感自己不能胜任日常经营管理，他们任命马古拉为执行主席，并从国家半导体公司挖来了他们的总经理麦克尔斯格特。

当苹果机被职业人员以及商人广泛接受时，公司发展再上新台阶，同时沃兹尼亚克继续改造苹果电脑的性能，并于1976年8月底设计出一种更高级的个人计算机Apple-II型。最知名的产品是其出品的Apple II、Macintosh电脑、iPod数码音乐播放器（图6-3～图6-5），iTunes音乐商店和iPhone手机，它在高科技企业中以创新而闻名。2007年1月9日，苹果电脑公司更名为苹果公司。

为了取得成长所需的大量资金，苹果公司在1960年12月12日第一次公开上市招股。那是华尔街一件空前盛况。460万股，每股22美金，总共吸收了1.212亿美元的资金，也造就了好几个暴发户，乔布斯1.65亿美元，马古拉1.54亿美元，沃兹尼亚克8800万美元，斯格特6200万美元，他们一共占了苹果40%的股份，早先在苹果公司下赌注上网风险投资家也都丰收而归，每一美元投资收回243美元，硅谷著名的投资家罗克再次成为豪赌的赢家，1978年以每股9美分买了64万股，还不到三年，他以5 7600美元的投资收回1 400万美元。

1977年苹果正式注册成为公司，并启用了沿用至今的新苹果标志。同时，苹果也获得了第一笔投资，苹果公司从此走上了正轨。

二、通信领域成就

2007年1月9日，乔布斯在旧金山马士孔尼会展中心的苹果公司全球软件开发者年会2007年推出第一代iPhone。两个最初型号分别是4GB和8GB版本，于2007年6月29日在美国正式发售，全美的苹果公司销售商店外有数百名苹果粉丝为了抢购而提早排队购买。由于刚推出的iPhone上市后引发热潮及销情反应热烈，部分媒体誉为"上帝手机"。

1. iPhone 2G

2007年6月29日，iPhone 2G在美国上市（图6-6）。根据各国家与地区的情况，必需要与运营商签订一到两年的话费合约，才能购买iPhone，也可以视之为存话费购机。2007年9月5日苹果宣布减价，苹果公司美国线上商店4GB版停产，8GB售399美元。2007年9月6日，乔布斯在公司网站上刊登一封致全体iPhone用户的公开信，对降价一事表示歉意，并承诺对老用户作出补偿，提供总值100美元的产品优惠等。2008年2月4日，苹果公司推出16GB版iPhone 2G，售价199美元。

2. iPhone 3G与iPhone 3GS

iPhone 3G在2008年7月11日正式发售（图6-7）。这款手机在外观设计上跟上一代iPhone比没有多大变化，但是它支持3G网络，移动数据传输速度更快，同时这款手机拥有很多不错的功能，如GPS。此外，苹果还发布了其移动应用商店App Store，起初拥有约500款应用商店，这一数字已经超过100万。

2008年，首款安卓手机T-Mobile G1开始发售。尽管这款手机对苹果iPhone并未构成威胁，但安卓系统快速扩张，逐渐成为iPhone的有力竞争者。

2009年6月9日，在美国旧金山Moscone West会议中心举行的WWDC2009苹果全球开发者大会上，苹果发布了iPhone 3GS（图6-8），这款手机比上一代iPhone运行速度更快。尽管没有发生彻头彻尾的改变，但苹果没必要这样去做，因为iPhone当时已经相当成功。乔布斯在当年MacWorld大会上向外界"炫耀"了苹果的成功：2008年，苹果iPhone销量达到了1700万部，这一数字是惊人的，并且在此后几年中，iPhone的销量仍保持了稳步增长，如2012年第二季度，苹果iPhone销量就达到了3500万部。

3. iPhone 4与iPhone 4S

借着iPad的东风，苹果在2010年6月7日发布了iPhone 4（图6-9）。乔布斯盛赞了iPhone 4的设计，因为它提供了全新的工业设计。苹果将iPhone 4称为自第一代iPhone以来最大的飞跃。这款手机配备视网膜显示屏，960×640分辨率，而当时三星旗舰智能手机GalaxyS屏幕分辨率仅为800×480。不过这款手机也让苹果陷入了其有史以来最大的公关危机，即我们所熟知的"天线门"事件。面对一场集体诉讼，苹果后来支付了和解赔款。不过，iPhone 4销量并没有受"天线门"事件的影响，市场上依然销售火爆。

图6-6　iPhone 2G

图6-7　iPhone 3G

图6-8　iPhone 3GS

2011年10月4日，苹果发布了第五代iPhone，即iPhone 4S（图6-10）。这款手机采用了iOS5系统。此外，iOS5系统中还推出了语音助手Siri，但放到今日，它具备了巨大的开发潜力。

4. iPhone 5、iPhone 5s及iPhone 5c

2012年9月，苹果发布了iPhone 5（图6-11），这款手机的屏幕尺寸增加至4英寸。iPhone 5搭载了iOS 6系统，其中整合了Facebook。苹果在iOS 6系统中用自家的地图服务替代了谷歌地图，但却因一些"乌龙"数据和图片，遭到了用户的各种吐槽。苹果CEO蒂姆·库克对此特向用户做出道歉，并承诺将及时做出修补。

同样，"地图危机"并没有影响到iPhone 5的销量。2012年12月24日，苹果宣布这款手机在发售第一周销量达到了500万部。但此时，安卓已经成为全球最受欢迎的移动操作系统，其背后的功勋就是来自三星和华为等手机生产商的平价手机。

为了避免再次出现苹果地图危机，苹果升级了这款软件，并任命乔纳森·伊夫负责开发新iOS系统，这就产生了iOS7。iOS7系统采用扁平化图标设计，增加了半透明效果，其他一些新功能包括可以快速进行设置的控制中心。

2013年9月10日，苹果公司于美国加州丘珀蒂诺备受瞩目的新闻发布会上，推出两款新iPhone型号：iPhone 5s及iPhone 5c（图6-12、图6-13）。iPhone 5c由塑料制成，设有5种颜色：红、蓝、黄、绿、白；iPhone 5s，特点是Home键结合指纹扫描仪，设有3种颜色：深空灰、银色、金色，这两款手机于2013年9月20日推出。2013年12月23号，苹果公司与中国移动共同宣布，双方达成长期协议，正式引入iPhone，这意味着拥有7亿手机用户的中国移动在不久后将推出iPhone合约机。从2013年12月25日开始，中国移动通过官方网站和10086客服热线面向用户进行预订。

图6-9　iPhone 4

图6-10　iPhone 4S

图6-11　iPhone 5

图6-12　iPhone 5s

图6-13　iPhone 5c

5. iPhone 6、iPhone 6Plus及iPhone 6s及iPhone 6sPlus

2014年9月10日凌晨1点，苹果公司在加州丘珀蒂诺德安萨学院的弗林特艺术中心正式发布其新一代产品iPhone 6及iPhone 6Plus（图6-14）。2014年9月12日开启预定，2014年9月19日上市。首批上市的国家和地区包括美国、加拿大、法国、德国、英国、中国香港、日本、新加坡和澳大利亚，中国大陆此次没有参与首发。苹果中国在线商店已于2014年10月10日零时正式开启预售模式，同时三大运营商也同步发售。

iPhone 6采用4.7英寸屏幕，分辨率为1334×750像素，内置64位构架的苹果A8处理器，性能提升非常明显；同时还搭配全新的M8协处理器，专为健康应用所设计；采用后置800万像素镜头，前置120万像素FaceTime HD 高清摄像头；并且加入Touch ID支持指纹识别，首次新增NFC功能；也是一款三网通手机，4GLTE连接速度可达150Mbps，支持多达20个LTE频段。

iPhone 6Plus拥有5.5英寸视网膜高清显示屏与2.5D弧形边缘屏幕，分辨率为1920×1080像素，是iPhone 5S的185%。还有一项新功能，叫做"reachability"用来完成大屏手机的单手操作：双击home键，主界面就会从屏幕上方降下来，使用户无需双手即可触摸界面顶端。总体来说iPhone 6Plus有点像一个缩小版的iPadmini。

2015年9月10日，美国苹果公司发布了iPhone 6s与iPhone 6sPlus（图6-15、6-16）。2015年9月25日发售。iPhone 6s有金色、银色、深空灰色、玫瑰金色。屏幕采用高强度的Ion-X玻璃，处理器采用A9处理器，CPU性能比A8提升70%，图形性能提升90%，后置摄像头1200万像素，前置摄像头500万像素。摄像头对焦更加准确，CMOS为了降噪采用"深槽隔离"技术，支持4K视频摄录。数据连接方面，支持23个频段的LTE网络，和2倍速度的WIFI连接。

全新的iPhone 6s和iPhone 6sPlus拥有多处升级，外壳采用7000系列铝合金，强度比上一代大为增强；处理器升级至更快速的A9系列，触摸屏采用了Macbook上的Force Touch技术或压力触控技术，并被命名为"3D触控"，据称可以区分轻击、按压和深度按压三种操作方式，由于压力触控技术的加入，新iPhone的厚度将有所增加。

6. iPhone SE

2016年3月21日22时，iPhone SE正式发布，2016年3月24日开始接受预约，并于2016年3月31日正式开售，中国是首发国家之一（图6-17）。

iPhone SE继续沿用了iPhone 5s的外观，并在后者基础上采用了喷砂工艺和全新的不锈钢logo。除了4英寸屏幕之外，与iPhone 6s没有太大差别，iPhone SE支持Live Photos与Apple Pay，相比iPhone 6s不支持3D Touch。

图6-14　iPhone 6

图6-15　iPhone 6s

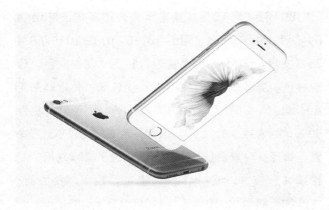

图6-16 iPhone 6s Plus

图6-17 iPhone SE

性能上，iPhone SE和iPhone 6s在性能上一样强悍，采用64位A9处理器和M9协动处理器，并且同样配备了2G内存。配备了1200万像素摄像头，能够拍摄4K视频，另外新的画面处理器能够让iPhone SE的图片质量更加优秀。图像处理功能略强于iPhone 6s。苹果强调iPhone SE最大的提升在于电池。

7. iPhone 7及iPhone 7Plus

iPhone 7及iPhone 7Plus于2016年9月8日凌晨1点在美国旧金山的比尔·格雷厄姆市政礼堂发布。拥有金色、银色、玫瑰金、黑色、亮黑色五款颜色（图6-18），Home键全新设计为按压式，添加了第二代Tapic Engine振动反馈。支持IP67防护级别，双摄像头，防抖功能，新增了速度更快的处理器。相机的处理器ISP吞吐量是原来的两倍。Live photo更加强大，开发者还可以调用RAW相机的API。前置摄像头升级到700万像素，支持防抖功能。2017年3月21日，苹

果推出了一款拥有动人红色外观的特别版iPhone 7和iPhone 7 Plus（图6-19）。

8. iPhone 8、iPhone 8Plus与iPhone X

iPhone 8是苹果公司第11代手机，2017年9月13日，在Apple Park新总部的史蒂夫·乔布斯剧院举行苹果新品发布会上发布。颜色上提供银色、太空灰以及腮红金。iPhone 8支持无线充电，拥有64GB、256GB两个版本。

iPhone 8搭载两个性能芯片，两个性能核心，四个高性能核心。视频编码器对4K进行实时优化。机身采用了全新的双面全玻璃设计+金属中框的设计。支持无线充电功能1200万像素双摄，f1.8光圈+f2.8光圈，比iPhone 7 Plus光圈更大。在人像模式下表现更出色。iPhone 8Plus是双1200万像素苹果强调采用面积更大、速度更快的感光元件，视频拍摄支持4K，60FPS。闪光灯加入了"慢速同步技术"，前置则完

图6-18 iPhone 7

图6-19 iPhone 7 与iPhone 7Plus红色版

全一致的700万像素。iPhone 8Plus后置双摄像头主打机器学习的人像背景虚化拍摄，支持60fps码流的4K视频拍摄。支持无线充电。还有一个特点是其图形传感器加入了对AR技术的支持（图6-20）。

iPhone X是高端版机型，采用全新设计，搭载色彩锐利的OLED屏幕，配备升级后的相机，使用3D面部识别传感器解锁手机。手势操作更加直接顺畅，拿起手机或点击屏幕都可以唤醒手机，全面屏上完全没有Home键这种实体按键。通过手势即可进入主界面，在应用程序中，只需要从下向上一滑即可返回桌面。iPhone X有着双1200万像素摄像头，与iPhone 8Plus一样，光圈分别为F1.8和F2.4，都具备光学防抖功能。新的闪光灯对于成像也是非常有帮助，在拍照方面iPhone X似乎是现在苹果能做到的最好了。黑色版本的 iPhone X，息屏时屏幕会和黑色前面板融为一体，"刘海"并不会太碍眼。而之前露面的大多数非黑色版机模，浅色前面板明显的"刘海"，再加上四个黑色圆孔，看上去颇碍观瞻（图6-21）。

三、产品强调设计

苹果电脑获得《计算机产品与流通》2003年度渠道选择奖，表明更多代理商希望选择苹果电脑公司作为合作伙伴。无论是iBook还是PowerBook，苹果电脑的产品设计都屡受称道，在一些细节方面也绝不含糊。以iBook为例，机器顶盖白色苹果标志在开机的时候会发出淡淡的白色，屏幕顶部挂钩为光感自动伸缩式，同时，苹果的电源设计在不同的供电状态下显示颜色不同，非常吸引用户。

设计理念：圆滑线、易用性和对环境的关注。

1. 圆滑线

拿到苹果手机的第一感触就是感觉它的手感很好，整个手机的外部轮廓都是圆滑的，没有棱角，给人视觉和触觉上的感受都是很舒适的。

图6-20　iPhone 8与iPhone 8Plus　　　　　图6-21　iPhone X

2. 易用性

首先是"HOME"键和它的一键指纹解锁使用，将手机屏幕更加精简化的同时，更加的方便我们的操作，原本需要多个步骤的解锁屏幕，现在一步到位，无论老年人还是小朋友都能自如的操作。其次是悬浮球的设计，悬浮球开启后，在系统默认下，悬浮球吸附在屏幕右侧。直接滑动可以让操作更加方便和流畅。这也是苹果手机推出后广受大众欢迎的原因之一。

3. 环境的关注

苹果设计的第三个因素是对环境的关注，苹果手机在环保方面曾吃过苦头，为实现手机可再生资源的利用，经过两年的努力，苹果全球运营的能耗中目前已有93%实现了可再生能源。

环境保护人人有责，苹果公司的这一举措很值得赞扬，这也说明了，设计理念跟环境的关系是紧密相连的，设计来源于生活，又回归生活。

四、商业发展模式

一个成功的商业模式，最根本的就是要提供新设计作和管理理念。对于苹果而言，用户价值以前意味着苹果公司为他们提供超出同业的最新技术，而自从乔布斯归来，苹果开始重新审视客户价值，破除封闭的老思维，兼收并蓄，将纵横捭阖，先进的技术、合适的成本和出众的营销技巧相结合。

1. 体验式销售模式

随着用户对笔记本电脑的个性化需求越来越强烈，为了让更多的消费者更加深入地了解这些产品和应用，并满足他们个性化的需求，体验式消费则成为苹果的主要营销模式。目前，苹果电脑公司已经在北京、上海、广州以及其他大中城市开设多家体验中心、专卖店来满足消费者对苹果电脑的体验需求。这些店展示的产品包括苹果电脑的全线软硬件产品，应用在苹果电脑上的软件和外设，以及各种家庭数码应用方案及移动应用等。

2. 售后服务

苹果已在中国拥有20多家授权维修中心，覆盖国内重要的大中城市及周边地区，逐步形成了全国性的维修服务网络，授权维修中心配合苹果全国性的服务体系，苹果在北京和上海都建立了备件中心，直接与亚太区总部联网，对全国备件实行统一调配（图6-22）。

3. 对员工的管理

人才第一、尊重人才。乔布斯曾当众表示，他花了半辈子时间才充分意识到人才的价值。在他看来，要制造与众不同的产品，首先要有与众不同的团队。为此，他不惜重金聘请人才，甚至亲自参与招聘工作，寻找那些他耳闻过的最优秀人员和那些他认为对于苹果各个职位最适合的人选。于是，苹果公司留下了国际一流的人才。

4. 高情商管理模式

乔布斯的"朋友式管理"一直被人津津乐道，在苹果公司没有等级观念，没有老板与员工的观念，在这里都是合作的伙伴、朋友。这也使得苹果团队的凝聚力大大增强，同时有利于设计者工作效率的提升。

在经济不景气的时候没有采用裁员的方式，而是更加注重员工的价值，将员工的利益与公司利益结合在一起，慷慨的假期制度和完善的医疗保险计划让员工工作上没有后顾之忧。

图6-22　苹果售后服务中心

五、苹果公司的成功因素

首先，与竞争对手微软合作，苹果公司在经历了12年的经营亏损后，乔布斯开始向比尔·盖茨寻求合作，比尔·盖茨最终向苹果投资了1.5亿美元，这笔资金使苹果公司度过了这次经济危机。

其次，研发设计并开发新产品，乔布斯意识到市场的需求在发生变化，人们已经不仅仅追求功能上的使用，同时对产品外观上的需求有了极大的提升，设计者也意识到产品外观美感的重要性，改变苹果产品的外观已经是迫在眉睫的事情，只有创新才能有所发展。

然后，乔布斯采用情商管理的方式，在公司没有上下属的等级观念，没有勾心斗角，员工与老板亲如一家，公司团队凝聚力大大提升，工作效率空前高涨，员工的幸福感归属感更加强烈。

最后，公司的成长要有风险投资的介入。其中风险投资家不仅是创业家的投资顾问，而且也介入公司人事、技术、财务管理等方面。

在市场经济中，竞争不可避免，企业要想在竞争中取胜，要想取得长远的发展，必须有一套清晰的战略管理理念，未来才能够实现长远的、健康的发展，企业需要明白自身的优势，通过设计合适的经营模式，形成自身的特色经营。

- 补充要点 -

史蒂夫·乔布斯

史蒂夫·乔布斯（1955年2月24日—2011年10月5日），生于美国旧金山，苹果公司联合创办人。1976年乔布斯和朋友斯蒂夫·盖瑞·沃兹尼亚克成立苹果电脑公司，1985年在苹果高层权力斗争中离开苹果并成立了NeXT公司，1997年回到苹果接任行政总裁，2011年8月24日辞去苹果公司行政总裁职位。乔布斯被认为是计算机业界与娱乐业界的标志性人物，他经历了苹果公司几十年的起落与兴衰，先后领导和推出了麦金塔计算机（Macintosh）、iMac、iPod、iPhone、iPad等风靡全球的电子产品，深刻地改变了现代通讯、娱乐、生活方式。乔布斯同时也是前Pixar动画公司的董事长及行政总裁。2011年10月5日，因胰腺癌病逝，享年56岁。

美国加州将每年的10月16日定为"乔布斯日"。美国总统奥巴马评论他：乔布斯是美国最伟大的创新领袖之一，他的卓越天赋也让他成为了这个能够改变世界的人。乔布斯被认为是计算机业界与娱乐业界的标志性人物，同时人们也把他视作麦金塔计算机、iPod、iTunes、iPad、iPhone等知名数字产品的缔造者，这些风靡全球供亿万人使用的电子产品，深刻地改变了现代通讯、娱乐乃至现代人们的生活方式。

乔布斯是改变世界的天才，他凭敏锐的触觉和过人的智慧，勇于变革，不断创新，引领全球资讯科技和电子产品的潮流，把电脑和电子产品不断变得简约化、平民化，让曾经是昂贵稀罕的电子产品变为现代人生活的一部分。

第二节 零售行业

图6-23 良品铺子LOGO

良品铺子遍布城市的大街小巷，几乎每条街道都能看到她橘红色的倩影。而那一句"让嘴巴去旅行"打动了无数人的心，让人想要带上良品，来一场说走就走的旅行（图6-23）。

良品铺子是一家集休闲食品研发、加工分装、零售服务的专业品牌连锁运营公司，是一家致力开发与推广特色休闲食品的全国直营连锁企业。自2006年8月28日在湖北省武汉市武汉广场对面开立第一家门店就确立了"立足武汉，占领华中，辐射全国"的发展战略，现已成为中国中部地区最大的休闲食品连锁零售企业（图6-24）。

至2014年3月拥有门店数约1200家，涉及湖北、湖南、江西、四川四省，员工人数达到4000余人。良品铺子秉承着"品质·快乐·家"的企业核心价值观，坚持研发高品质产品，不断引进先进的经营管理思想。

良品铺子的主推产品是：坚果、炒货、养生冲调、话梅类、果干果脯、肉类零食、海味零食、素食山珍、饼干糕点、糖果布丁、饮品饮料。

一、企业文化

公司一直秉承"品质·快乐·家"的管理理念，为祖国人民提供高品质的休闲食品。良品铺子从第一家门店起步，坚持研发高品质的产品，不断引进先进的经营管理理念，打造公司不可超越不可模仿的产品竞争力；注重对员工的培训和内部提拔，鼓励员工和公司共同成长，建立了一队优秀年轻有活力的管理团队（表6-1）。

（a）

（b）

图6-24 店内陈设设计

表6-1　良品铺子的企业文化

企业文化本源	品质·快乐·家
企业使命	提供高品质食品，传递快乐，为提高全球华人健康幸福生活而努力奋斗
企业愿景	成为全球休闲食品零售服务业的领导品牌
企业精神	激情共创，快乐分享
团队作风	没有借口，马上行动
用人理念	尊重人，培养人，成就人
商品理念	品质第一，贴近顾客
市场理念	超越顾客期望，引领行业方向
食品安全理念	食品安全是企业的生命线
服务理念	真心、热心、细心、贴心、爱心
营销理念	以顾客为中心，考虑问题以顾客感受为起点，遇到问题以顾客体验为焦点，解决问题以顾客满意为终点
竞争理念	狭义竞争是争夺，广义竞争是合作，真正对手是自己，有效法则是创新
决策理念	集思广益，实事求是，科学分析，果断决策
学习理念	居点连线，日积成面，乐学一世，修己助人
思想政治原则	杜绝官僚主义、本位主义，做诚实的人，做有益的事
个人修养	诚实进取，厚德感恩
营运模式	追梦家园

2014年10月9日良品铺子食品包装获"包装设计界奥斯卡奖"。全球最具影响力的Pentawards设计大奖于10月9日在日本东京PALACE HOTEL TOKYO举办年度颁奖典礼，良品铺子与KHT上海金汇通合作的——良品铺子电商系列产品包装设计，获得食品品类-零售食品品牌设计铜奖，该奖项也是中国休闲食品行业迄今为止获得的全球最高设计奖项。

休闲食品专卖店是近年来的新兴行业，零食食品以口味新奇、包装精美、口感好的优点，赢得了国人的认可，零食族队伍在不断扩大，吃零食在某种程度上已成为一种时尚潮流，因此，零食专卖店越来越炙手可热。良品铺子就在这样的环境下生长起来。

二、包装设计

1. 采用独立小包装的设计

独立小包装设计更加干净卫生，携带更加方便。

在购买的时候选择性更多，可以随心挑选自己喜欢的种类和口味，小包装的设计让你一次可以尝试不同口味的美食，再也没有拆开吃不完产生浪费的烦恼。独立包装在造型上也越来越亮眼，全新设计上市的卡通产品包装，零食造型拟人化（图6-25）。

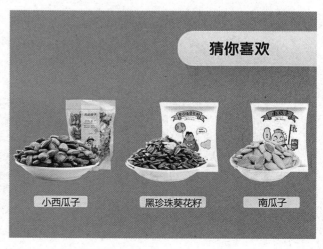

猜你喜欢

小西瓜子　　黑珍珠葵花籽　　南瓜子

图6-25　独立包装

2. "把快乐彩虹裁剪一块送给你"

这是良品铺子在物流包装箱上的设计理念（图6-26），它由五层特硬材料制造，取代了以往的单层包装盒；新款包装的内部设计上融入了波浪形防振带和特质封口胶带，运输途中更安全、保证物品安全完整的送到顾客手里；加上萌趣的彩虹设计，在收到包裹的那一刻心情非常的愉悦，让人迫不及待地想要拆开。

三、管理策略

1. 店铺选址

店铺一般选在顾客家门口、上下班的途中及吃喝玩乐的地方。门店采用便利店的开放式格局，货架成透明格子柜设计。良品最初的选址就是在公共场合、小区门口数人流量得出来的数据。

2. 产品策略

良品铺子全面收藏全世界各种小吃，国内远到新疆、东北、河北等地，国外已延伸到美国、日本、巴西、菲律宾等国。良品铺子力求以优良的原材料为顾客提供高品质产品，传递快乐，产品已有炒货、糖果、坚果、果干、蜜饯、肉制品、鱼制品、素食、糕点等，还有大量的进口食品。良品公司的第二个产品策略是大，扩大规模和商品的多样化，使顾客可以买到任何想吃的食品。现今，良品铺子的产品种类以由刚开店50多种扩展到200多种。

3. 人才培养

一个企业的发展关键是人才，一个企业的凝聚力关键是人心。为了建立公司的人才培养机制，良品铺子实施了人才梯队培养战略。通过制定有效的关键岗位继任者和后备人才甄选计划，合理的挖掘、培养后备人才队伍。遵循以内部培养为主，外部引进为辅的原则，梯队人才培养机制为良品铺子未来的发展做好了充分的人才储备。将人才梯队培养库分为3类（表6-2）。

表6-2　人才培养梯队

序号	人才梯队	职位
1	一级梯队	公司总经理、副总经理、各中心总监以及分部行政总经理
2	二级梯队	各部门经理、副经理
3	三级梯队	核心主管岗位以及关键员工岗位

同时，良品商学院运作逐步运作成熟，将成为公司人才摇篮，区域经理、营运经理、分公司总经理、总部总监、职能经理这些公司的核心骨干人员将享受商学院为其量身定制的系列课程，帮助其提升岗位的胜任能力，成为业界的精英。

4. 文化战略

2011年5月，良品铺子发行了自己的内部刊物《良品生活》。刊物一共分为4大板块，即关注动态——公司新闻动态、秀风采、品工作和享生活。《良品生活》为员工提供了分享与学习的平台，通过文字的互动，提升了良品铺子的企业文化内涵。

5. 消费人群定位

根据数据调查显示，目前良品铺子零食主要受两种群体喜欢，一是学生，一是白领。学生的消费能力弱，可是消费频繁，消费量大。白领追求知名品牌，为一次性消费量大。其中女性的比重占到了64%，男性为36%（图6-27）。

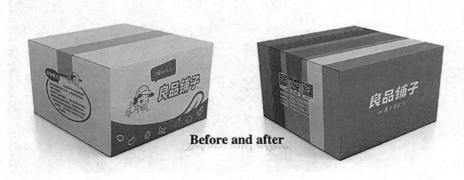

Before and after

图6-26　旧包装与新彩虹包装盒

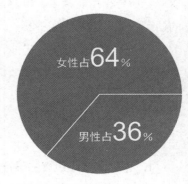

女性占**64**%

男性占**36**%

图6-27　消费人群定位

6. 网络营销

利用现代电商技术，开展网上营销，在天猫商城、京东商城、一号店开展活动，能够及时掌握市场变化，及时调整经营方略;有利于覆盖实体店尚未进入的市场，实现市场多元化。

7. 扩张战略

采取加盟店与直销店相结合，总部统一的市场经营策略，一方面保证了公司的利润，迅速实现了公司扩张。另一方面加盟店自负盈亏，减少了公司在迅速扩张中的不确定风险。在人员统一管理上：统一招聘、统一培训、统一调配、统一管理。在对加盟店统一装修风格上，统一的规范和配货，从而实现了总部战略决策与加盟店经营发展相结合。

8. 物流配送系统

构建干线、直线、落地片三级敏捷物流配送系统，满足广域电商市场向全国消费者次日送达；满足区域门店市场3日、2日、1日配送，及1日2次的拉式订单配送；满足区域市场冷链1日3次配到门店和地仓，及时订单分拣，半小时送达顾客的极快体验。

四、营销策略

营销的过程其实就是了解顾客的需求并满足顾客需求的互惠互利的双赢过程，良品铺子满足了顾客需求的同时也将自己的产品成功的营销出去，因此，需要深入挖掘消费者心理，以更加贴近市场，贴合消费者心理的营销策略打动目标受众群体，让消费者习惯良品铺子无处不在的存在于他们的生活中。就像提到网购就想到淘宝一样，提到零食就想到良品铺子。

1. 会员制度

凡是在良品铺子内购物满38元即可免费办理1张会员卡（图6-28），

图6-28 会员卡

1元1个积分，生日当天积分双倍，积分到达一定程度可以兑换礼品，良品铺子为了方便良粉们进行消费，打折积分只要报手机号码就行了。

从第一位粉丝开始，发展到今天，良品铺子线上线下会员已达到3000多万，单微信粉丝就近千万。"圈粉力"爆表的背后，与良品铺子的品牌魅力是分不开的。

2. 区域门店的定期促销活动

店铺开展打折则是最直接的线下宣传活动，进店有礼、买一赠一、全场满38立减5元等活动。

3. 一年一度的核桃节活动

每年在良品铺子生日，即8月28日都会有十款核桃做活动，包括碧根果和中国核桃，这已成为良品铺子一年一度的文化节活动，就好像良品铺子与良粉的一个约定（图6-29）。

4. 一小时年货到家

马云说："传统电商已死，新零售时代已来"我们站在时代的分水岭上，看不清楚未来是什么，唯有不断创新突破。

良品铺子整合了门店、电商、第三方平台和移动端四大渠道，构建了以消费者为中心的业务生态体系。在这个生态中，无论线上线下还是移动端用户，都能从最便利的渠道、以最快的速度享受到最好的产品与服务。

良品铺子的"突破"是在2017年年初，良品铺子携手外卖平台饿了么，推出一小时年货到家。只要在良品铺子门店覆盖区域，即湖北、湖南、江西、四川、河南5个省，以及深圳和苏州两个城市，借助饿了么平台可实现一小时年货到家。

举个例子，在北京办公室给成都的家里置办年货，网上下单，一小时后就能送到家里。感觉就像打个电话，楼下超市立马送来，真的非常贴心。外卖零食本地化、实时化的新模式，完全颠覆了消费者的传统购物体验。同时也越来越方便快捷地为顾客服务。

5. "食小确幸地铁"

2017年8月14日，武汉2号线6个地铁车厢因为充满接地气的六大零食场景，勾起上班族、吃货们的满满回忆和幸福，从自黑到炫耀，从温馨到任性，引发新一轮的刷屏高潮。这是为休闲零食第一品牌良品铺子为成立11周年而打造的。

通过六种不同的零食场景，构建一个让消费者能在真实生活中就能轻易发现的小幸福，小美好，成为知道感恩，善于快乐的一群"小确幸"。6种场景主题分别是：家庭、教室、女生宿舍、办公室、KTV、小卖店。每一种都有直击心灵的各种"小故事"（图6-30）。

为增强互动，六个车厢内的电脑屏幕上有良品铺子11周年庆的主题展现，以及融入场景的对话框设计AR的参与流程。除了炫酷的车厢，良品铺子

（a）　　　　　　　　　　　（b）　　　　　　　　　　　（c）

图6-29　不同包装食品

更为消费者带来足足的夏日诚意：上天猫搜索良品铺子旗舰店，体验夏日清凉小确幸，万件解暑零食0.01元抢！

　　毫无意外，良品铺子的这波营销很成功，场景植入、回忆、感恩，共鸣、参与和分享，这一营销六步成功地吸引了乘客的眼球，越来越多的人认识了良品铺子。

　　2000家门店和60亿年收入是对良品成功的完美诠释。良品铺子走进了越来越多的家庭。越来越多的人认识了良品铺子。

（a）家庭

（b）教室

（c）女生宿舍

（d）办公室

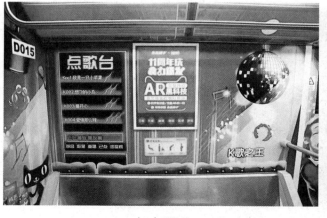

（e）KTV

（f）小卖店

图6-30　地铁车厢主题故事

Pentawards

Pentawards是全球首个专注于各类产品设计的奖项，也被誉为包装设计界的奥斯卡，注重设计的市场化实现和商业化本质。也是唯一一个专门针对产品包装的设计大奖，其主要使命是提高包装设计及其创作人员的专业水准。问鼎这个奖项的设计作品毫无疑问会成为全球产品包装趋势的风向标，它已经成为目前最具权威与含金量的包装设计标准。

每年在欧洲、亚洲或美洲不同城市所举办的正式颁奖典礼荟萃全球众多设计师，是大家会晤并分享创意的独特机遇。通过参与Pentawards，包装设计师、设计专业学生、品牌拥有者及包装生产商均有机会向世界展示其创造性与专业水准。评审由来自世界各地十三位专业人士组成，该奖项是对全球设计师以及从事市场、品牌相关人士的顶级赞誉。

第三节　酒店管理设计

一、皇冠度假酒店

皇冠度假酒店（Crown Towers）位于澳门路氹连贯公路北面入口处，是一座设计豪华丽兼现代化的娱乐场酒店。皇冠度假酒店是澳门首座椭圆形建筑，外立面的曲线结构拉长了垂直方向的距离，玻璃立面给人热带暴雨倾盆而下的效果。同时，皇冠度假酒店是澳门第一家以六星级酒店标准所建造的五星级酒店。主要提供高级娱乐高雅设施、优秀服务和华丽装潢，力求为澳门的高级博彩市场带来真正独一无二的六星级体验。澳门皇冠楼高三十六层，广大的娱乐场面积约为一万七千平方米，设有多层耀目之豪华娱乐场及尊尚私人VIP贵宾厅（图6-31）。

1. 在布局上

首先是大厅分为服务台、客人休息区、客户等待区三大区域。主要以简洁明快的线性修饰，搭配暖色光源及大量的灯带，在视觉上给人一种简洁舒适的享受。同时提供300多间豪华客房，其中包括24间高级套房和8间幽雅的总统别墅式套房，房间的大落地窗能比较全面的观看澳门半岛的景色。同时提供世界级食府与酒吧、豪华水疗中心及健身设施（图6-32～图6-35）。

图6-31　皇冠度假酒店

图6-32　前台区

图6-33　休息区

图6-34　豪华水疗中心

图6-35　小型娱乐区

2. 在设计上

皇冠酒店主要以现代简约风格为主，同时大量使用金属色及黑灰白三种色彩，给人一种干净明亮的感受。客房的装饰是统一的简约风格。房间配套设施齐全，宽敞的衣帽间、免费WIFI、浴室圆形大理石浴缸、日式独立淋浴室、内置式液晶电视以及精致瑰丽的浴室用品。整个房间满铺地毯，就连浴室镜下面也非常用心地铺设了防滑垫。每间客房都有大大的落地窗可以满足消费者看澳门半岛的全景。只需拎包入住即可。同时搭配的还有超大露天泳池，带你领略浪漫海岛气息（图6-36~图6-39）。

3. 在管理上

皇冠酒店的管理部门分工明确，服务员—主管领班—部门经理—总经理一条龙的模式，权利一级一级的下放，分工明确又互相关联，在责任划分和服务上清晰明确，更易于酒店的管理。

（1）第一阶层　操作层。酒店提供服务首先是通过服务员来体现的，因此，酒店服务员的素质、个人形象、礼仪、语言能力、应变能力、服务技能都是在展现一个酒店的管理素养。

（2）第二阶层　督导层。主要负责安排日常工作，监督服务员的服务工作，随时随地检查服务是否符合本酒店的服务质量标准。作为主管领班还要随时地协助本班服务员进行工作或是代班服务。主管是服务现场的组织者和指挥者，否则他就不具备领导本班服务员的权威。

（3）第三阶层　部门经理。部门经理主要负责本部门人员的工作分工、领导、指挥与监督。同时还要负责制订本部门的工作计划，向上一级汇报本部门的工作，确定本部门的经营方针和服务标准，以求得最大的经济效益。作为一名部门经理不仅要有组织管理能力、经营能力、培训能力，熟悉掌握部门的服务标准、服务程序，同时还要具有实际工作经验并具有一定的服务技能。部门经理对总经理负责。

（4）第四阶层　酒店总经理。酒店的总经理主要负责制订企业的经营方针，确定和寻找酒店的客源市场和发展目标，同时对酒店的经营战略、管理手段和服务质量标准等重大业务问题做出决策。此外，还

图6-36　海景客房

图6-37　豪华客房

图6-38　客房浴室

图6-39　露天泳池

要选择、培训高素质的管理人员，负责指导公关宣传和对外的业务联系，使酒店不断提高美誉度和知名度。总经理对董事会负责。

在经营管理上，权利与责任的逐级划分，员工与管理者能够更加有效率的工作，酒店经营风生水起。

二、法国克莱耶尔酒店

法国克莱耶尔酒店坐落于法国东北部兰斯，酒店是上世纪初时，仿造一座18世纪的古堡而建，是一座古堡式的豪华酒店（图6-40）。这里曾是Pommery太太的结婚礼物。而以她命名的香槟酒——Pommery是世界上最好的香槟酒之一。直至今天，克莱耶尔酒店仍是法国香槟地区的精髓所在，其郁郁葱葱的灌木和树林被园丁精心地修建，创造出形态各异而又惟妙惟肖的样式。弯弯曲曲的鹅卵石小径把人带往这座城堡的腹地。"冬季花园"里有两座圆顶建筑，署名为"Les alliers Champenois"，是为了纪念当年制作自由女神像的法国人而建，这也是全欧洲最美丽的建筑之一。

法国是一座浪漫的城市，同时也是深受专制主义思想束缚的城市。18世纪法国大革命全面爆发，君主专制制度土崩瓦解，但贵族等级观念在人们的心中根深蒂固。法国克莱耶尔酒店在设计上也带有贵族思想，宫廷式的设计风格沿袭到了这座古堡酒店，走进充满宫廷感的大厅，四周挂满了华丽的人物肖像画；餐厅设计得雍容华丽，精美的壁画、圆形的雕花拱门与水晶吊灯的结合，装饰有栩栩如生的小天使，精致的织锦、镀金的塑像，一切令人常常有时空倒转之感，极富有贵族气息。宴会厅在设计上突出主人的地位，主人桌在正中间位置摆放，拥簇在最中心地位（图6-41、图6-42）。

图6-40　法国克莱耶尔酒店

客房的装饰风格主要是依据客人的喜好来设计（图6-43~图6-46）。消费者可提前说明自己的喜欢的风格，酒店将满足消费者的要求并进行设计。每间卧室里都铺上了柔软的垫子，窗台的栏杆上装饰着白色棉纱，床单和窗帘则运用粉蓝、粉红和银色。

克莱耶尔酒店则更注重于消费者的主观感受，消费者从入住酒店后就有专属的私人侍者来精心照料，让你享受贵族的纯法式浪漫生活。

克莱耶尔酒店每年接待的客人只有极少数人，精细美味的餐点让人欲罢不能，这里的美食是由米其林

图6-41　餐厅

图6-42　宴会厅

图6-43　田园风格客房

图6-44　巴洛克风格客房

图6-45　泰式风格客房

图6-46　洛可可风格客房

三星级主厨Gard Boye亲手制作，每道菜都是当季的特色食物，保证食材的新鲜。限量的接待使得这座古堡版的酒店充满着神秘气息，让人想要一探究竟。

皇冠酒店在设计上强调的是舒适与现代化设计，而法国克莱耶尔酒店在设计上注重的是精神文明。酒店是每个人都会有机会住的地方，只有设计出来的产品能够使消费者用得舒适、安全、放心，对每个旅途劳顿的人来说就是一件幸福的事情。同时设计需要管理，高情商的管理模式则会为设计加分，两者密不可分。

－ 补充要点 －

酒店设计小技巧

1. 地面铺装

应采用耐脏耐水的石材，防止客人出现安全事故。地毯应采用耐用防污及防火的材质，尽可能不用浅色或纯色的。

2. 墙面装饰

大面积采用壁纸为佳，既能体现档次，又能耐污染，床头背景墙可以采用软包造型，同时能节省床头靠背。

3. 窗帘装饰

窗帘轨道选用耐磨材料，遮光布则选用较厚的，尽量选择可以水洗的材料，如果只能干洗，将会增加酒店运营成本，这就得不偿失了。

4. 灯光选择

首先是整体的灯光效果，不能太明亮也不能太过于昏暗，要柔和并且没有眩光。床头灯则要精心选择，既要防止眩光、也要经久耐用，最好再配备一个灯光遥控器，控制灯光的强弱以及开关操作。

5. 卫生间

首先是要做整体的防滑设计，防滑垫是必须配备的，浴缸也可以选择带有防滑设计的浴缸。其次，镜子要防雾，由于镜子的反射作用，在视觉上会显得整个空间比较敞亮，然后是水龙头，选择出水面较宽、出水轻柔的水龙头，水流太大容易溅到客人身上以及墙面地面。

6. 插座设计

考虑到客人使用的便利性，可自行做实验进行设计。

作为酒店专业设计师，不能一味地追求时尚，而要设计具有独特个性的家居生活。要有自己的品牌意识，不能只是单纯的设计"造型"、设计"实用"、设计"经济"、设计"环保"，而是要为人们设计新的生活方式和梦想，因为设计是永远的春天。

第四节　汽车产品开发管理

浙江吉利控股集团有限公司是中国汽车行业十强企业，1997年进入轿车领域以来，凭借灵活的经营机制和持续的自主创新，取得了快速的发展，连续五年进入中国企业500强，连续三年进入中国汽车行业十强，被评为首批国家"创新型企业"和首批"国家汽车整车出口基地企业"，是"中国汽车工业50年发展速度最快、成长最好"的企业。

谈到吉利，那就不得不提起一位传奇人物，吉利公司创始人李书福，从一个农民家庭走出来的李书福，白手起家，创办了中国最大汽车民营企业。

李书福在19岁时高中毕业，他拿着父亲给的120元钱开始了他的创业之路。创立"北极花"冰箱厂，谁也想不到这位中国汽车界大佬最先是从开冰箱厂做起的。1993年，收购一家国营摩托车厂，开始了他的汽车之路。李书福在2015福布斯华人富豪榜排名122名，并创办中国最大民办大学——北京吉利大学（图6-47、图6-48）。在2010年吉利收购沃尔沃，吉利汽车开始走向世界。

吉利汽车集团在国内建立了完善的营销网络，拥有700多家品牌4S店和近千个服务网点；在海外建有近200个销售服务网点；投资数千万元建立国内一流的呼叫中心，为用户提供24小时全天候快捷服务，吉利商标被认定为中国驰名商标。浙江吉利控股集团旗下拥有吉利汽车和沃尔沃汽车两家公司，旗下拥有

图6-47　北京吉利大学

图6-48　北京吉利大学图书馆

帝豪、全球鹰、英伦汽车三大子品牌（图6-49～图6-51）。

一、战略转型

在人们的认知中，美国车宽敞舒适，欧洲车优质耐用，日本车精细节能，国产车似乎没有什么优势性可比。沃尔沃一直以来在价格和品牌上给人一种的"草根"印象，成本和价格一方面为吉利带来丰厚的利润，同时也让其自身品牌无法更上一层楼，无法走进国际化大市场。企业想要更好更快的发展，必须借助外部力量进行提升，收购其他公司的技术显然是最快的方法。

首先，吉利提出对技术的战略转型：不打价格战，将核心竞争力从成本优势重新定位为技术优势和品质服务，提升吉利的企业形象。

其次，作为国际化品牌的沃尔沃的最大的特点就是拥有先进技术、安全性与环保性，设计与品质都是一流的高端豪华车型，这正是吉利实现战略转型所需要。

"沃尔沃"是瑞典著名汽车品牌，又译为富豪，1924年由阿萨尔·加布里尔松和古斯塔夫·拉尔松创建，该品牌汽车是目前世界上最安全的汽车。"沃尔沃"在拉丁文里是"滚滚向前"的意思，该公司自创立之日起，便开始朝着两位创始人共同设计的蓝图"滚滚向前"。1915年6月，"Volvo"名称首先出现在SFK一具滚珠轴承上，并正式于瑞典皇家专利与商标注册局注册成为商标。从那一天起，SKF公司出品的每一组汽车用滚珠与滚子轴承侧面，都打上了全新的Volvo标志。

沃尔沃汽车公司是北欧最大的汽车企业，也是瑞典最大的工业企业集团，世界20大汽车公司之一。

沃尔沃汽车以质量和性能优异在北欧享有很高声誉，特别是安全系统方面，沃尔沃汽车公司更有其独到之处。美国公路损失资料研究所曾评比过十种最安全的汽车，沃尔沃荣登榜首。到1937年，公司汽车年产量已达1万辆。随后，它的业务逐渐向生产资料和生活资料、节能产品等多领域发展，一跃成为北欧最大的公司。

2008年经济危机爆发，主营豪华车业务的沃尔沃轿车公司遭到重创，其在2008年的销量仅约36万辆，同比降幅达20%以上。沃尔沃轿车公司的总收入出现了大幅下滑，由2007年的约180亿美元跌至约140亿美元。沃尔沃连续三年出现亏损，继续持有风险更高，福特公司只能出售这个烫手山芋（图6-52）。

北京时间2010年3月28日21:20，当地时间15:20瑞典哥德堡，吉利集团董事长李书福和福特汽车公司首席财务官Lewis Boot h签署了最终股权收购协议。吉利以18亿美元成功收购瑞典沃尔沃轿车公司100%股权，包括了9个系列产品，3个最新平台，2400多个全球网络，人才

图6-49　帝豪汽车LOGO

图6-50　全球鹰汽车LOGO

图6-51　英伦汽车LOGO

图6-52　沃尔沃汽车

与品牌以及重要的供应商体系。吉利控股集团正式完成对福特汽车公司旗下沃尔沃轿车公司的全部股权收购。随着吉利沃尔沃的资产交割的顺利完成，也意味着这场至今为止中国汽车行业最大的一次海外并购画上了一个圆满的句号。

二、用SOWT方法进行现状分析

1. 优势

（1）双方销售市场互补　沃尔沃公司一直坚持的销售理念就是造安全、环保、设计和品质都一流的高端豪华车型，而吉利公司是以造低成本的中低档车而发家的，直到现在吉利一直坚持这样的传统。这样看两个公司的销售市场不单毫无重叠，反而互补，形成了更强、更全面的销售整体。

（2）不打没把握的仗　吉利对此次的收购准备充足，吉利拥有自己的专业收购团队。早在收购沃尔沃之前，吉利就操作了两次跨国并购案——英国锰铜控股与澳大利亚自动变速公司，并成功的将先进的技术应用到自己的产品中。

（3）成本优势　中国出口产品的低成本是众所周知的。首先是中国的劳动力成本低于国外，虽然这几年劳动力成本有所上涨，对比其他国家还是有着明显的优势。

2. 劣势

（1）文化差异　沃尔沃在瑞典已经有八十几年的历史，已经是非常稳定成长的体系，拥有瑞士的文化情结。而只有十几年历史的吉利正处于蓬勃发展之中，相当于一个活力四射的少年，文化上的差异注定了两者之间有一场碰撞。

（2）设计理念　吉利在一开始打的就是"造老百姓买得起的车"，这时吉利的核心竞争力是低成本与低售价。而沃尔沃一直走的是高端贵族路线，出售的都是一流的高端豪华车型。

（3）管理方式　吉利一直走的是大众市场化路线，一直走的是低档车的生产销售，没有高端豪车的销售经验的吉利在管理沃尔沃上面将会面临困难，沃尔沃坚持的是环保、可持续发展道路以及高端销售模式。

3. 机会

在2008金融危机的大环境下，政府为提高经济建设，采取政策大力扶持中小型企业的发展，如扩大贷款规模和创新中小企业贷款担保抵押方式，以及政府对中小企业在技术创新和市场开拓方面给予贷款贴息，吉利汽车收购沃尔沃恰好符合国家政策条件，在资金上会得到国家的支持。

吉利对沃尔沃的收购是在全球对外投资不断增长的大背景下进行的，吉利在通过了八年的收购分析加上近三年的谈判，最终与福特汽车公司签署协议，而沃尔沃经历了长期的亏损加上经济危机的爆发，与吉利合作无疑是最好的选择，相信这也是福特的最明智的决定。

4. 威胁

成功收购并不意味着可以成功驾驭，在企业文化、设计理念、管理方式上的差异也会带来一定的致命威胁。加上吉利在收购上花费了大量的资金，后期在研发设计上将会面临大的经济危机。

沃尔沃选择吉利其实就是选择了中国，2009年全球豪华车市场大幅萎缩，众多一线豪华品牌年销量出现了较大幅度下滑，而沃尔沃汽车2009在中国的销量增长了80%以上，吉利完成了从"低价格"到"低成本、高技术、高质量、高效率、国际化"的战略转型，如今越来越多的人在买车是会考虑、选择吉利汽车。

设计与管理是现代经济生活中使用频率很高的两个词，都是企业经营战略的重要组成部分之一，设计管理活动时时刻刻发生在我们的身边。正在以新的更合理、更科学的方式影响和改变人们的生活，并为企业获得最大限度的利润而进行的一系列设计策略与设计活动的管理。

三、吉利公司收购之后将会面临的问题

1. 人才关

沃尔沃最有价值的核心资产是人才。那些研发、管理、财务、市场等方面的精英，才是沃尔沃真正有价值的财富，离开了这些人，沃尔沃就不过是一个空壳子的品牌。如何留住这些人才，是对吉利的一次巨大考验。

2. 品牌关

在品牌定位上，沃尔沃虽然与奔驰、宝马、奥迪齐名（图6-53～图6-56）。但由于缺乏顶级豪华车型，已经很难比肩。吉利收购沃尔沃后势必将通降低成本来实现赢利，但是，随着价位的下探必然会使品牌形象有所下降。豪华品牌一旦失去了高端定位直接参与到大众市场的竞争，往往会处于更加不利的局面。吉利如何才能确保沃尔沃的豪华品牌地位，是必过一关。

3. 资金关

为了收购沃尔沃，吉利可谓倾囊而出。尽管吉利把收购资金转嫁到国内外银行及项目基地的地方政府方面，但玩转沃尔沃的庞大资金极有可能从此拖累吉

图6-53　沃尔沃汽车

图6-54　奔驰汽车

图6-55　宝马汽车

图6-56　奥迪汽车

利。资本运营从来都是唯利是图，吉利如何处理好这些利益攸关方的关系也是一道难题。如果在未来一段时期内，吉利不能满足这些资本的回报诉求，必将会给吉与沃的运营带来阻碍。

4. 经营关

沃尔沃目前的产销规模无法和奔驰、宝马、奥迪相比、要实现持续的赢利是不太可能的。吉利让沃尔沃在短期内恢复赢利并不困难，难在如何保证沃尔沃成长为一个具有持续赢利能力的豪华车制造商。能不能帮助沃尔沃最终达成60万辆以上的年产销规模，成为衡量吉利运营下的沃尔沃是否取得最终成功的一项硬指标。

5. 工会关

作为吉利的"丈母娘"，沃尔沃的工会显然是个难缠的主。瑞典是传统的北欧福利国家，工会的力量是相当强大的。对于吉利来说，完成收购之后的劳资双方如果不能迅速建立互信，对于新沃尔沃的运营必将是一场灾难。

6. 文化关

海外收购中，跨国文化很难兼收并蓄，这就像西餐的刀叉和中餐的筷子相遇。吉利和沃尔沃的汽车文化截然不同，一个散发着"农村青年"气息，另一保留着欧洲豪华名车的高贵血统，百年的贵族气质和十几年的草根特色相遇，能够产生一往情深的爱恋吗？

如今，吉利汽车的市场销量印证了设计的战略转型是一个企业发展的必经之路，只有不断的设计创新，跟随时代发展的步伐，加强企业自身的实力才能立于不败之地。

－ 补充要点 －

企业发展的四个阶段

1. 初创期

有数据显示，在我国，有22%的企业在这个阶段死掉。初创期，企业的目标就是生存，这个阶段谈什么公司管理，流程、制度建设，都不是很现实。在这个阶段，企业的培训以业务和销售为主，几乎都是内部培训。

2. 成长期

在经历过原始积累的生存努力之后，很多企业都会慢慢找到属于它的生存方式、业务模式、盈利模式、财务管理等，这些是一个公司运转的基础。这个阶段人员也开始增长得很快。企业进入到了一快速发展的阶段。

3. 稳定期

基业管理基本实现规范化。这个阶段就是企业需要找到一个蓝海，保持持续稳定发展。在这个阶段企业就需要建立自己完善的培训体系。

4. 衰退期或者持续发展

前面的规范化过程曾经提到管理的科学规范化会影响个人的创造性，而这个阶段要就是要解决规范与创造并存的问题。这是把企业管理的粗放转变为精益化过程，其中包括以下几个方面：

（1）组织的流程化运作；

（2）精益化制造；

（3）文化型组织；

（4）自主化组织；

（5）核心竞争力；

（6）扁平化组织等；

（7）知识管理。

第五节　包豪斯

　　包豪斯是德文Bauhaus的音译，原是1919年在德国魏玛成立的一所工艺美术学校的名称。该校创办人及首任校长，是著名德国现代主义建筑大师格罗皮乌斯，他别出心裁地将德文Hausbau（房屋建筑）一词调转成Bauhaus来作为校名，以显示学校与传统的学院式教育机构的区别。包豪斯在德国设计中具有非常重要的地位，它不仅影响了德国工艺设计，同时也影响了现代设计的浪潮。包豪斯也是世界上第一所完全为发展现代设计教育而建立的学院，它的成立标志着现代设计教育的诞生，对世界现代设计的发展产生了深远的影响（图6-57）。

一、发展历程

　　1919年，沃尔特·格罗皮乌斯在德国魏玛（Walter Gropius）受任，执掌了合并以后的魏玛美术学院和工艺美术学校。这便是大名鼎鼎的"国立包豪斯"（The State Baunhaus）的诞生。包豪斯对原有冗长的艺术教育体系进行了大刀阔斧的改革，导致这种改革的根本，则是欧洲19世纪以来工业革命的发展和古老的学院派艺术之间水火不容的严重状况。

　　19世纪以前，学院派的思维模式产生了两种完企独立的创作模式——纯粹的艺术创作和手工艺制作。不论其中有天赋者占了多大比例，两者之间都是完全孤立的。而19世纪伊始，工业浪潮突然间席卷全世界，机械制品的快速复制性使艺术家和工匠们产生了惶恐，他们认为艺术创作就此失去了意义，人类即将沦为机械的奴役者。

　　19世纪下半叶起，欧洲各国的艺术家们开始试图寻找一种方式来使工业与艺术获得统一。可是在这场名为"工艺美术运动"的改革运动中，学生们缺乏足够的技术指导，他们的训练过于肤浅，对技术不闻不问。工厂继续若无其事地批量生产着工艺粗糙的制品，而艺术家们则徒劳挣扎着，试图用柏拉图式的思维模式去理解机械化流程。是什么导致了这种状况的产生？工艺和机械之间有什么必然的差异必须解决？

　　然而工业生产和手工作坊之间的差别不仅在于生产工具的不同，而且在对劳动过程各个环节的控制上、分配方式上有着很大的差异。重新建立工艺与生产的关系，并让青年学生实际动手为工业而工作，这就是包豪斯的初衷（图6-58、图6-59）。

　　毋庸置疑，德国的设计具有非常悠久的历史传统，是现代设计的发起国之一，其工业设计则以严谨的造型、可靠的品质、高度理性化的美学特征，体现

图6-57　包豪斯校舍

图6-58　手工作坊

图6-59　工业生产

（a）

（b）

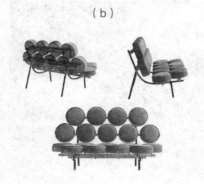

（c）

图6-60　椅子创意设计

了工业化时代下生活的变革，并得到了多数消费者的普遍认同。世界级的包豪斯精神在创新中不断尝试简单和完美的统一（图6-60）。

二、包豪斯设计风格

"包豪斯风格"实际上是人们对"现代主义风格"的另一种称呼。格罗皮乌斯亲自为"包豪斯"设计校舍。他按照建筑的实用功能，采用非对称、不规则、灵活的布局与构图手法，充分发挥现代建筑材料和结构的特性，运用建筑本身的各种构件创造出令人耳目一新的视觉效果。与当时传统的公共建筑相比，校舍墙身虽无壁柱、雕刻、花饰，但通过对窗格、雨罩、露台栏杆、幕墙与实墙的精心搭配和处理，却创造出简洁、清新、朴实并富动感的建筑艺术形象，而且造价低廉，建造工期缩短。它们成为后来形成的"包豪斯"建筑风格的"开山鼻祖"，也是现代主义建筑的先声和典范，更是现代建筑史上的一个里程碑。"包豪斯"校舍建筑在1996年被联合国教科文组织列为世界文化遗产，一直以来也是吸引许多游客光顾的旅游景点。

包豪斯艺术风格，源自于20世纪初的德国魏玛时代。包豪斯风格的创始人格罗皮乌斯在其青年时代就致力于德意志制造同盟。他区别于同代人的是，以极其认真的态度致力于美术和工业化社会之间的调和。格罗皮乌斯力图探索艺术与技术的新统一，并要求设计师"向死的机械产品注入灵魂"。他认为，只有最卓越的想法才能证明工业的倍增是正当的。换句话说，包豪斯风格所追求的技术与实用、艺术欣赏与舒适享受的完美结合，在其100多年的历史上，对德国乃至欧洲的工业发展，起到了无可估量的推进作用。一个源起于艺术，落脚于工业的设计理念，不仅仅给人们带来了绘画、音乐、摄影艺术的享受，更为人们创造了无数建筑、汽车、电器产品……实用、舒适的享受（图6-61～图6-63）。

包豪斯生动而充满力量的几何造型及流畅的线条将浪漫主义和现代主义融合在一起，并使其迅速成为建筑艺术的主流。虽然一开始，现代设计就遭到"冷漠、单调、缺少人情味的批评"，但很多人仍认为包豪斯改变了世界，从荷兰与维也纳，到法国富有阶层居住的架在空柱上的白色房屋，包豪斯主义者坚信现代设计具有某种革命性的力量，而这种力量至今仍然影响着我们的生活。

在设计理论上，包豪斯提出了以下三个基本观点：

（1）艺术与技术的新统一；

（2）设计的目的是人而不是产品；

（3）设计必须遵循自然与客观的法则来进行。

这些观点对于工业设计的发展起到了积极的作用，使现代设计逐步由理想主义走向现实主义，即用理性的、科学的思想来代替艺术上的自我表现和浪漫主义。

包豪斯作为一种设计体系在当年风靡整个世界，在现代工业设计领域中，它的思想和美学趣味可以说整整影响一代人。虽然后现代主义的崛起对包豪斯的设计思想来说是一种冲击、一种进步，但包豪斯的某些思想、观念对现代工业设计和技术美学仍然有启迪作用，特别是对发展中国家的工业设计道路的方向的选择是有帮助的。它的原则和概念对一切工业设计都是有影响作用的。弗兰克·皮克（FrankPick）认为："……必须制定一种压倒一切的科学原则和概念，来指导日用品的设计，像建筑方面那些指导房屋设计的原则那样。"

包豪斯提倡在实践中创造性的工作，所有的平等都建立在这种创造性和现实世界的逻辑关系上。其指导原则是，这种平等不是依靠片面的知识或材料来体现，而是作为生活的组成部分，在每一个部分都是必需的。其用意是为了避免艺术家们脱离实际，使他们恢复与现实的日常世界的关系。包豪斯的目的不是为了传播任何风格、系统或教条。包豪斯是世界上第一所敢于体现某个特定程序原则的艺术学院。该原则的

基本思想是研究我们的工业时代的学习条件和确定其内在的主要规律。包豪斯有机性的安排应用艺术学院的实践活动，使教育整体重组计划的执行成为可能。学院的指导原则是合并所有类型的艺术创作，整合后服从于所有工作,从而使其成为架构于所有应用学科之上的新学科。

最终，包豪斯通过自身的架构达到了消除工业和装饰艺术界限的目的。包豪斯的主导思想是建立一个

图6-61　建筑

图6-62　汽车

图6-63　电器产品

新的统一思想，观念的合成，既不是"艺术"，也不是某种"方向"，而是一个不可分割的整体,仿佛一个人的内部完整和获得自身意义以及现实生活的目的。

三、设计成果

包豪斯在德绍的校舍，尝试了整体的视觉功能主义原则。体积——在复杂的空间中用完全自由的方式安排，没有任何特定的规则，指定给每个单位固定的目的。所有的工作空间都连成整体，墙壁以玻璃幕墙的形式表现，这就是为什么后来这建筑被称做"水族馆"。这种建造方式，提供了最大的照明度，首先由格罗皮乌斯和著名的德国建筑师彼得内斯在建筑中设计应用。包豪斯校舍与传统建筑的不同是它大面积地使用了玻璃幕墙，特别突出地发挥了玻璃墙面与实墙面不同的视觉效果，造成虚与实、透明与不透明、轻薄与厚重的对比，造成了生动活泼的建筑形象（图6-64）。

活页体的过街天桥不仅起到过渡作用，并且其本身还容纳了建筑办公室。六层的学生公寓看上去像带着小阳台的现代住宅。远离了主体建筑的教师和董事别墅，周围满是松树。尽管所有这些平房都是完全相同的立方体,但是每个个体都按不同的数字组合方式排列。（图6-65、图6-66）。

包豪斯的大师们最喜欢的主题是照明设计。此外，在1923年至1932年，在这一领域的研究，始终向着"新客观性"这一艺术观点靠拢着。创建对象代表了"真正的设计对象"。例如，控光开关(莫霍纳吉)，它的动感设计灵感来自于金属和塑料制成的巨大风扇。这是一个试图结合抽象元素、工程和技术至上主义思想的观念的功能设计。K•D•贾克尔的壁灯托架的首次构筑于1923年，是玻璃和金属做的灯。而凡德•费尔德兹做的灯都是一个球或半球的形式，有个套索般的金属环（图6-67、图6-68）。

一个人生的好看，可是没法说他完美，好看只符

（a）

（b）

图6-64　包豪斯校舍建筑

图6-65　过街天桥

图6-66　住宅阳台

合了一部分人的审美观。只有符合绝对的比例和规则的和谐才可以称为完美。建筑也是如此，只有达到技术上的功能性和艺术上比例之美的绝对和谐，才能创建出完美的形式。这样的标准将使我们的任务益发的繁复。完美的建筑必须是体现生命的本身,这意味着要对生物、社会、技术和艺术问题都有深刻的认识。格罗皮乌斯的这些信念，是包豪斯设计思想的根源，也是实用美学的开端。包豪斯让艺术走下了圣坛，不再是高高在上的少数人的私有品，而是开始真正的融入了民众的生活。

（a） （b）

图6-67 球形灯

（a） （b）

图6-68 金属灯

课后练习

1. 用PEST分析法的角度来分析皇冠酒店与克莱耶尔酒店两家酒店。
2. 从人文主义的角度出发,分析酒店的设计管理中最重要的什么？
3. 苹果公司的管理模式对我们现在的设计管理有什么可以借鉴的经验？
4. 风险投资对一个公司的成长意味着什么？
5. 从设计管理学出发，谈谈苹果公司成功的原因。
6. 良品铺子在零售市场上的优势是什么？
7. 从社会的可持续发展的角度看，沃尔沃汽车与吉利汽车的优缺点分别是什么？
8. 为什么良品铺子更受女性的欢迎？请从设计管理的角度思考。
9. 随着电商的兴起，实体店销售会遇到哪些问题？
10. 请选取两家风格相异的酒店做一场关于设计与管理的社会调研分析。

参考文献
REFERENCES

1. ［美］德鲁克. 世界室内设计史. 北京：机械工业出版社，2009.
2. 陈汗青. 设计管理基础. 北京：高等教育出版社，2009.
3. 刘武君. 重大基础设施建设设计管理. 上海：上海科技技术出版社，2009.
4. 武鹏飞. 设计学概论. 湖南：湖南科技出版社，2016.
5. 张鑫. 设计学概论. 北京：北京大学出版社，2013.
6. ［美］斯蒂芬·P·罗宾斯. 管理学. 北京：清华大学出版社，2013.
7. 吴戈，关秋燕. 管理学基础. 北京：中国人民大学出版社，2015.
8. 贺迎九，谢恩润. 应用管理学. 武汉：武汉大学出版社，2011.
9. 胡亮，沈征. 酒店设计与布局. 北京：清华大学出版社，2013.
10. 海军. 设计管理·美学经济. 北京：中信出版社，2014.
11. 朱和平. 产品包装设计. 湖南：湖南大学出版社，2010.
12. 高钰. 室内设计风格图文速查. 北京：机械工业出版社，2010.
13. 史蒂芬·柯维. 如何管理时间. 北京：中国青年出版社，2017.
14. ［美］吉姆·兰德尔. 时间管理. 上海：上海交通大学出版社，2012.
15. 曾宪义. 中国法制史. 北京：北京大学出版社，2013.